水族館人

今まで見てきた景色が変わる15のストーリー

SAKANA BOOKS
サカナブックス

サカナ×水族館×人から生まれるストーリー

本書『水族館人　今まで見てきた景色が変わる15のストーリー』を手に取っていただき、誠にありがとうございます。

本書では、水族館に携わる「人」や、水族館をテーマに何かを生み出している「人」に焦点を当て、その「水族館人」たちが何を考え、何をして、何を残してきたか、水族館の醍醐味をどう考えているのか、といったお話をうかがっています。

そこに、世界有数の館数を有する日本の〈水族館文化〉や、
水の生きものたちとの共生を紐解く鍵が見え隠れしています。

という、ちょっとかしこまったお話もありますが、
水族館の醍醐味をもっと知ることで、
少しでも読者の皆さんの水族館ライフが充実し、
人生に新しい喜びを添えられれば幸いです。

サカナと水族館と人が織りなす奥深いストーリーをお楽しみください。

ＳＡＫＡＮＡ ＢＯＯＫＳ拝

目次

第一部

生きものを「見る」

サケの人

西尾朋高

［標津サーモン科学館］

日本の代表的魚食、サケの魅力

川で生まれたサケが海へとくだり、広大な海を回遊して生まれた川に戻り、産卵後には死んでしまう――こうしたサケの一般的なストーリーは広く知られているところ。一方で、ひたむきに泳ぐサケの姿を目の前で見た人はどれほどいるだろうか。北海道東部に位置する根室海峡は、アイヌの伝承に基づき「鮭の聖地」と呼ばれ、そこに面した標津町には〈標津サーモン科学館〉というサケ好きのメッカとも言える水族館がある。その副館長として日頃からサケ文化を伝えることに尽力しているのが西尾朋高さんだ。西尾さんに、標津サーモン科学館の取り組み、サケと地域文化の深い関係、食材としてのサケなどについてお話をうかがい、サケとヒトが織りなす壮大なタペストリーの一端を紐解いてみた。

写真協力：標津サーモン科学館

■標津サーモン科学館のサケ

標津サーモン科学館が開館したのは1991年のことです。

ここ標津町は北海道の中でもサケ漁の盛んな町で、道内でも有数の水揚げ量を誇っています。当時、標津町として「サケをシンボルとしたまちづくり」に取り組む一環で、公園施設として「標津サーモンパーク」がつくられました。その中核施設として、サケの仲間と周辺のサカナを集めた水族館を整備した、という経緯でサーモン科学館が設けられています。

現在、標津サーモン科学館のサケ科魚類展示種類数は日本一です。

一番メインとなるのがサケ、いわゆるシロザケです。シロザケは町の産業としても中心となっていますね。そしてカラフトマスやサクラマス、これらも漁業的に重要な種ということになります。他に一般的に知られる魚種としてニジマスや、ベニザケ、ギンザケ、マスノスケ（キングサーモン）なども展示しています。幻のサカナとも言われているイトウは、やはり人気があります。主だったサケ科魚類は大体一通りいるかな、という感じですね。

サケの展示では、その生活史の関係から、親魚を一年中ずっと展示することがかないません。春は稚魚がメインとなり、夏になって8月ぐらいから沿岸に回帰したサケの展示が始まります。

この夏のサケは、地元の漁業者の船に乗せてもらって捕ってきます。サケ以外の海水魚も、ほとんどは定置網漁に同行して搬入しています。

漁業者の方には非常にお世話になっていますから、何とか恩返しをできればと思っているのですが……。サーモン科学館に来られたお客様に、サケをはじめとして標津の海にはこんな魚がいるんだなと知っていただき、まぁだいたい館内を回っているとお腹が減ってくるので、町内でサケを食べていただいて、「美味しかったね」となると嬉しいです。さらにお土産を買っていただくところまで来ると、漁業者の方にも利益が入るので、そこでやっと恩返しができるなと思っています。そういったところで、町立の施設として地域貢献ができるような活動を目指しています。

9月、10月の2ヶ月間は、〈魚道水槽〉という水槽が標津川につながります。施設の裏手に標津川が流れていまして、そこから人工的な水路を経てサーモン科学館の展示面に至ります。その魚道水路をサケが遡ってくるので、自然な遡上の様子を見ることができるんです。

この遡上展示の主役は、やはりシロザケです。加えて比較的早い時期、9月であればカラフトマスも見られますね。9月はシロザケとカラフトマスで、10月になるとシロザケがほとんどといった具合になります。たまにサクラマスとか、ニジマス、アメマス、ウグイなど遊泳力が強い魚なら姿を見せることもありますね。

遡上してくるサケの量ですが、ここ数年は北海道全体で数が少ない傾向が続いていました。去年の秋は久しぶりに少し上向いて、「見応えのある数のサケが来たな」という印象でした。限られた展示面だと、日によって数がだいぶ変わります。多い日もあるし少ない日もある。人工的な水族館ではありますが、遡上展示に関してはサケたちの自然な姿ですから、大量のサケに出会えたら、ラッキーですね。

11月になると、〈魚道水槽〉と標津川の接続は止まりますが、かわりに水槽内でサケが産卵する姿を見ていただく展示になります。

サケが産卵する環境つくりで重要なのは、まず底面が砂利になっていること。そして湧水を作ることも大きなポイントです。その水槽には、オスとメスを一匹ずつ入れるんですけども、そこで複数入れると喧嘩になっちゃうんですよね。オスが複数いるとメスを巡って争いますし、メス同士は産卵場所を巡って争いをしますので、同じ水槽にたくさん入れてしまうと、なかなか産卵の準備が進みません。水槽内にオスとメスが一匹ずつだと産卵する頻度としては少なくなるように思えますけど、逆にそうすることで産卵までの行動が順調に進みますし、じっくりと見られるということは言えると思いますね。

他にもサケの産卵の様子が見られる水族館はありますが、当館ならではの部分としては、産卵までの行動をスタッフが確認していますので、「もうすぐ産卵しますよ」という予報ができるところです。産卵は5秒間ほどの一瞬ですので、そろそろだなと思ったら、館内放送でお客様にご案内しています。うまくいくと一日の開館時間中に2、3回ほど産卵の瞬間を見るチャンスがあります。

水族館でサケを見る魅力は、まず「季節ごとに見られるものが違う」というところですね。春であ

標津サーモン科学館の魚道水槽。例年 9、10 月にサケの遡上の様子が見られる。

海水大水槽にはサケの仲間だけでなく、標津の海のサカナたちも泳ぐ

れば小さな稚魚。夏になれば海で捕れたものがいて、搬入してすぐだと銀ピカでいかにもおいしそうなサケを見ることができます。そのサケが水槽内でだんだん成熟して、婚姻色が出て、二次性徴が顕著になっていきます。そして、遡上と産卵行動の展示と、サケの生涯を季節ごとに見ることができます。

あと成魚として海から戻ってきたサケだと、それなりの大きなサカナになっています。特に9、10月の遡上展示だと、来館者の皆さんは目の前を泳ぐサケの力強さとその大きさに迫力を感じると思いますね。そのときの大きさは、平均して全長60～70センチ程度で、大きなものになると80センチを超えます。その大きな秋のサケを見たうえで春に稚魚を見ていただくと、「あのちっちゃな稚魚がこの大きなサケになるんだな」と驚きますね。水族館では、その様子を見比べることができます。

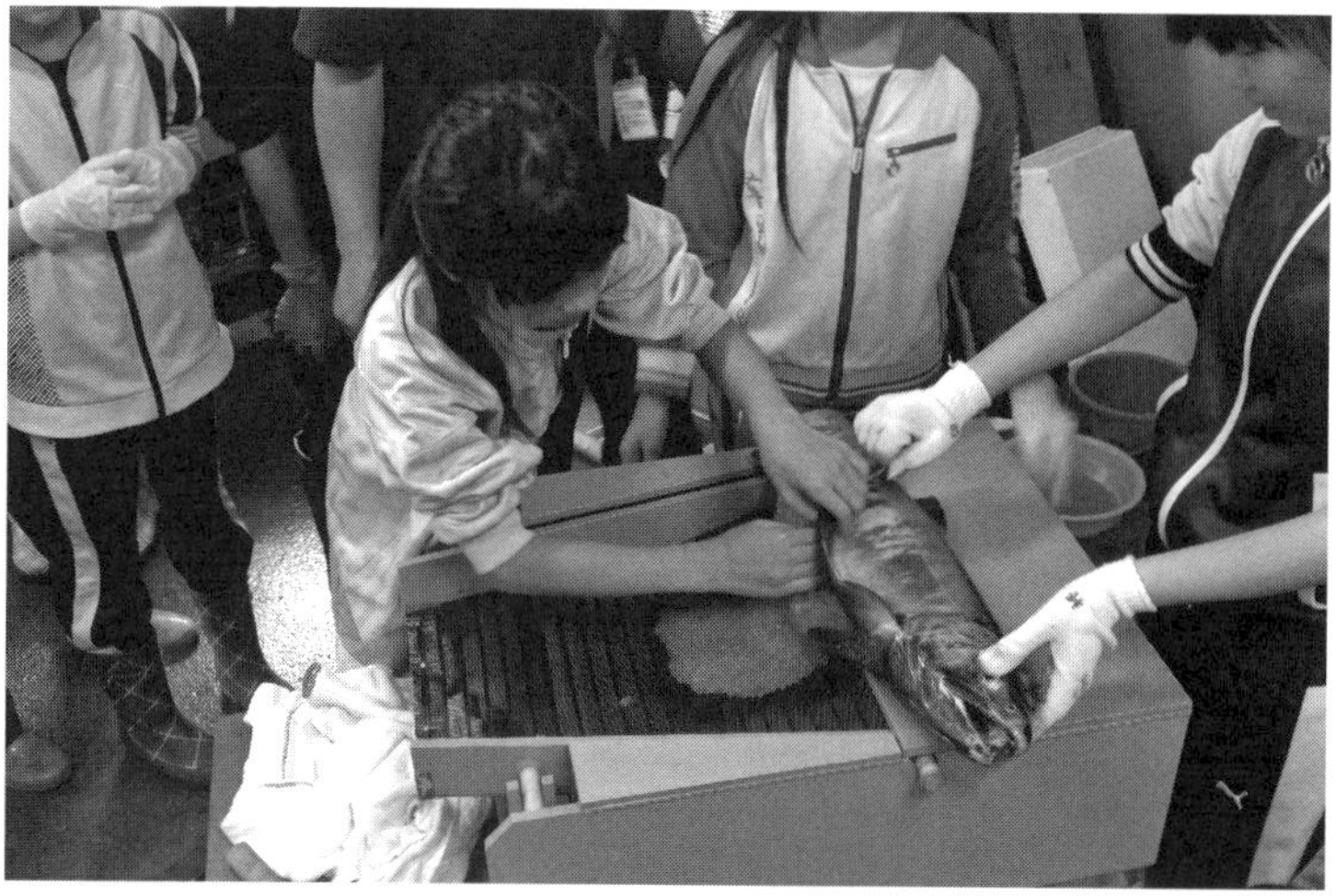

人口受精の体験学習

■サーモン科学館のサケ学習

当館では学校団体向けに、春は稚魚の放流、秋は遡上見学といった体験プログラムを設けていますが、特に近くにある標津小学校の子どもたちには、学年ごとに〈サケ学習〉を体験してもらっています。

最初のサケ学習は2年生の3学期です。学校に水槽を用意していただいて、そこにサケの卵を持って行き、サケが卵から生まれて稚魚になるまでを観察します。

3年生の春になると学校で飼っていたものも含めて、稚魚の放流体験があります。その夏ぐらいに、稚魚を放流した場所——科学館の敷地内にある小川なんですけれども、そこで生きもの探しをしてもらいます。水の中に入って、網でサカナを採ったりしてもらう体験です。その時期になるとサケの稚魚は海に行っていますが、「稚魚の暮らしていた川には、こんな生きものがいるんだね」というのを見てもらいたいなと。

さらに3年生のうちにサーモン科学館に来て、展示している中から自分が好きな生きものを一つ選び、その生きものについて調べてレポートにまとめるという学習があります。

4年生の夏には、町内のサクラマスが遡上する川に行って、中流域の滝でサクラマスがジャンプする様子を見てもらいます。そして秋には自然河川に行って、遡上したサケの観察に行きます。そのときは周辺にあるホッチャレ［※産卵を終えて死んだサケ］も観察して、「これが周りの生きものの餌になっているんだね」というお話をします。それを踏まえて、11月に、館内の「魚道水槽」でサケの産卵を見てもらうんです。

5年生は科学館ではありませんが、漁業関係の体験がありまして、6年生はサケの人工授精の体験をします。この6年生が人工授精させた卵が、2年生のサケの飼育に使われます。先輩が作ったサケの卵が後輩に渡るわけです。また、3年生のときに放流した稚魚が遡上して帰ってくるのは5年生〜中学1年生ぐらいの期間になるので、6年生が人工授精で使ったサケは、もしかしたら自分が放流したサケかもしれません。

ということで、小学校の学習段階とサケの一生とがリンクする学習になっています。ここまでサケ体験が充実しているのは、他のエリアでは少ないことだと思いますので、標津町ならではの取り組みだと思っています。

■日本遺産になった鮭のストーリー

令和2年に、標津町が中心となって申請したストーリー『「鮭の聖地」の物語～根室海峡1万年の道程～』が文化庁の日本遺産に認定されました。

標津町内にポー川史跡自然公園というところがありますが、そこには縄文時代からの竪穴住居跡がたくさん残っています。4千個以上の竪穴住居跡があるのですが、1万年ほど前の遺跡から、昔の人が食べたサケの骨が発掘されるんです。「ここでは縄文時代の頃からサケを食べ、利用しながら暮らしていた」というのがストーリーの始まりになります。

そこから縄文文化、続縄文文化、オホーツク文化、擦文文化、トビニタイ文化と、その時代ごとの文化があって。その後、アイヌ文化期と呼ばれる時代になっていくわけですけれども、あらゆる時代の遺跡からもサケの骨が見つかっており、おそらくこの地では途切れることなく、サケを利用した人々の暮らしがあったのでしょう、ということになります。

その後、北海道に本州から和人が入ってきますが、当初このエリアに入った和人が、アイヌの人たちに対してかなり搾取的な振る舞いをして、アイヌの蜂起が起こります。「クナシリ・メナシの戦い」という大きな争いがありました。

その時代を経て幕末になると、この辺りに会津藩が北方警備として入ります。ちょうど北海道の東の端になるので、目の前に国後島がありますが、その頃というとロシアが千島列島を南下してきた時代です。そういった面で北海道を守るために会津藩が来たわけです。その時代に標津の町を描いた屏風絵図が作られたりもしていますね。

その後、明治時代から近代に続いていきます。その間、年代によってサケが捕れない期間も出てきます。そういう時代にはサケ漁以外にも、今に続くホタテ漁だったり、昆布漁だったり、ホッカイシマエビ漁だったりという、代替漁業が展開されていくようになりました。

さらに海岸部で漁師さんが漁業と兼業で畜産を手がけるようになります。この辺りはとても冷涼な気候なので、いわゆる畑作に向かない土地なんですね。農業による作物はできないわけですけれども牧草だったら育つということで、内陸で農地の開拓が進められて、このエリアの内陸部は日本有数の酪農地帯になりました。今は乳牛がメインということになっています。

そういった開拓を進めていくにあたって、駅逓という施設ができ、鉄道に準ずるものとして殖民軌道がつくられ、最終的に国鉄の標津線が整備されて、入植のための人が運ばれたり、サケや牛乳の出荷に利用されたりしました。標津線は国鉄がＪＲになってすぐ廃線になってしまいましたけどね。


ということで、今このエリアは、１万年前からサケと付き合い続けて、今でもサケ漁が盛んな場所ということになります。サケと共に歩んできた歴史があり、一見サケと関係ないようなものも、裏を返せばサケが捕れなかった時代に生み出されたものになります。

突き詰めると、今の暮らし風土は、どこまでもサケにつながっていく――というのが、日本遺産に認定された「鮭の聖地」の物語です。

外から来られた方はもちろんですが、このストーリーをぜひこの地域に暮らす人に知ってほしいですね。どうしても、言ってしまえば田舎町ですので、ここで生まれ育つと「何もない田舎だよ」と言って終わりにしてしまうところがあるんです。そうじゃなくて、「こういった歴史があって、今見ている風景があるんだよ」ということを伝える取り組みにしたいですね。

それは胸を張って言えることですから。

■聖地でサケを食べる

サケの食べ方やレシピって無限だと思うんですよ。

一般的な焼き鮭の他にも、ルイベ［※凍ったサケのお刺し身］や、ちゃんちゃん焼き［※サケと野菜を鉄板で焼き、味噌ダレで仕上げる料理］がありますよね。町内の郷土料理を扱うお店で人気なのは、サケを使ったしゃぶしゃぶです。

身の部分以外でも、内臓もよく食べられます。例えば腎臓を醤油漬けにした〈めふん〉は、いわゆる酒のつまみになる珍味です。サケの胃袋を塩辛にした〈チュウ〉という料理。あとサケの心臓ですね。シンプルな塩焼きで美味しい。

心臓も胃袋も腎臓も一匹から取れるのは少しですが、大量にサケを扱う水産加工会社が町内にありますので、そういうところでまとまった量のサケをさばくことによって、心臓もまとまった数になるし、めふんやチュウもたくさんできる。町内の魚屋さんでは、心臓を集めたパックが売られますしね。

標津だけのものではないと思うんですけれども、心臓がまとまった数で販売されたり、腎臓や胃袋まで加工されたりするというのは、それを食べる文化が今でも地域に根ざしてるからこそ、取り扱われるものなんだろうなと思います。

私も自分で料理しますよ。

捕れたてのサケを塩焼きにするのも、もちろん美味しいのですが、やはり昔ながらの新巻鮭が好きですね。今、一般的に塩鮭（甘塩）として売られているものは、内臓を出したサケに塩を振って、そのまま冷凍しています。それが流通している大体の塩鮭なんです。今のように冷蔵設備がなかった時代、長期保存する術として、サケに大量に塩を振って塩蔵し、そのままだと塩味がきついので一度水に晒して塩を抜いて、そのあと外に干して作ったのが新巻鮭です。かつてはこれが主流だったはずなんですよね。こちらの地域では、山のようにサケを積んで仕込むので〈山漬け〉と呼んでいます。

そうするとですね、単純に保存が効くのはもちろんなんですが、おそらく水分や臭みが抜けて、旨味が凝縮される効果があるんです。実際にやってみると手間も時間もかかるんですが、やっぱりそうやってひと手間ふた手間かけたサケっていうのは、改めて美味しいなと思って食べていますね。

もう一つ、「食べ物としてのサケ」という点では、海で大きく成長したサケは、海の栄養分を体に蓄えています。そんな海の栄養を抱えながら遡上し、産卵後のホッチャレは冬眠前のヒグマやオジロワシなどの餌になったりしています。ですからサケの存在というのは、「ヒトにとって馴染み深い食材」という以前に、生態系の中でも海の栄養を陸域へ運ぶという重要な役割を果たしているんです。

サケというのは、このように幅広い話題を持っているところも魅力のあるサカナだと思っています。その地域の人間の暮らしはもちろん、自然生態系の中にも大きく関わっているし、食べ方も無限大。

もし当館のテーマがサケじゃなくて、例えばマグロ科学館になっていたら、ここまで話題の幅があったかな、と思います。

生態、文化、食など非常に多様な魅力にあふれている——そういうところをね、この科学館で扱っていければいいなと。

【プロフィール】

にしおともたか：千葉出身。小さい頃から釣りが好きで、北海道大学水産学部に進学。その後、知床でのガイドの仕事を経て、平成24年から標津サーモン科学館に勤務。現在、同館の副館長で、展示生物の採取・体験プログラム・広報など、多岐にわたる業務に携わりながら、サケとこの地域の魅力を伝えることを目指している。休日には釣竿を手に水辺へ向かう。遠出せずとも季節ごとのターゲットと出会える海や川が近場にあり、美味しいものと温泉にも恵まれたここでの暮らしが気に入っている。

突き詰めると、今の標津の暮らし風土は
どこまでもサケにつながっている
それは胸を張って言えることです

――西尾朋高

サメの人

徳永幸太郎

［アクアワールド茨城県大洗水族館］

なぜサメは不動の人気を誇るのか

水族館の人気ものというとイルカやペンギンといったイメージも強いが、サメ人気も侮れない。サメに関する本を探してみても、アカデミックからサブカルチャーまで幅広く刊行されているし、〈サメ映画〉という特定のジャンルも存在する。なぜサメはこれほどまで人を惹きつけるのか。サメの飼育種類数日本一というアクアワールド茨城県大洗水族館の飼育員、徳永幸太郎さんにお話をうかがい、サメ展示の様子、大きなニュースとなったシロワニの繁殖、そしてサメ人気についての見解など、語っていただいた。

写真協力：アクアワールド茨城県大洗水族館

■アクアワールド・大洗で魚類展示を担当

もともと幼い頃から海や川など自然と関わるような環境にいて、休みのたびに友達と、いわゆる野生児的な遊び方をしていました。水中の世界に魅力を感じて、いずれは水棲生物に関するお仕事をしていきたいなと、漠然と思うようになりました。大学もやはり魚に関わるところを選びました。海洋生物学という分野なんですけど、そこで私は特にアユに興味を持ち、その生態の研究をして、大学院まで進みました。

就職をするとき、ぜひ自分の学んできた専門的な知識を活かして、世間の多くのお客様と感動を共有したいと考えるようになりまして、それができるのはやはり水族館でした。文化的、教育的な施設でもある水族館というところの最前線で働けないかということで。そのとき、たまたまアクアワールド・大洗水族館の募集があって、無事に入ることができました。

アクアワールド・大洗水族館に入社したのは、2005年の4月ですから、勤め始めてから、かれこれ20年弱になります。

入社してすぐ、魚類展示課といって主に魚を飼育する部署に配属されました。それは希望の通りでしたね。その後、イルカやアシカのトレーナーをする機会もありましたが、基本的にはずっと飼育の仕事をしています。

■アクアワールド・大洗とサメ

大洗は海が近く、その海には昔からサメが多く見られる海域でした。大洗の海は本当に生きものが豊かで、北からの寒流と南の暖流がぶつかる潮目と呼ばれる海域が存在して、多くの魚が泳いでいます。それを捕食するサメも多く集まってくるんです。

以前からサメは見られていましたが、当館は2002年にリニューアルオープンをして、名称も〈海のこどもの国大洗水族館〉から、〈アクアワールド茨城県大洗水族館〉となりました。リニューアルをするにあたり、「今度は何をメインに打ち出していこう」といった話し合いがあった中で、大洗の近海に見られるサメに焦点を当て、サメに特化した水族館としていくことになりました。ですから、シンボルマークもサメがデザインされています。

現在［※取材は2023年2月に実施。以下の種類数はすべて取材時のもの］、アクアワールド・大洗では60種類のサメを飼育しています。その中で展示をしているのが53種類です。

展示をしていないサメについては、やはり水槽に入れる種類の組み合わせの関係もあります。全部同じ水槽に入れてしまうと、力関係が変わってしまって、やられてしまう種類も出てしまいますから。その辺は水槽の様子を見ながら、裏でデビューを待っているようなサメたちもいます。

サメをあしらったアクアワールド・大洗のシンボルマーク

これらのサメがどうやって集められたかというと、まず地元で採れるサメは、漁師から連絡をもらって我々が確保に行ったりします。場合によっては、漁師さんの船に乗りこんで、水揚げされる網に入り込んできたものを我々が採集するということもありますね。

繁殖に関しては、かなり力を入れている方だと思います。だいたいの数字ですが、全体の3割弱くらいのサメについては一度は繁殖に成功したんじゃないかと。

どうしても身近なところで採取できない珍しいサメについては、業者からの情報を頼りに買付という形で購入することもあります。やはり全国でもまだ飼育されていないようなサメであれば、ぜひうちに導入したいと思いますし、あまり生態が知られていない、珍しい深海性のサメなど、飼育にチャレンジにしたいサメもいます。

今、アクアワールド・大洗にいる中では、シュモクザメの仲間のボンネットヘッドシャーク、ヨーロッパに分布するスムーズハウンド、アメリカのドチザメの仲間でレパードシャークなどは、とても珍しいと思いますね。

数が多いと、いろんなサメを一つの水槽に入れていくわけですが、その組み合わせを考えるのは、悩ましいところです。

できれば大きな水槽にたくさんのサメを入れて、お客様に見ていただきたいんですけど、やはり体の大きなサメは力が強いので、小さなサメを傷つけてしまうことが考えられます。またサメの種類によって、生息している水温帯がまったく違ったりするので、同じ水温帯のサメを集めなければならなかったり。そういった組み合わせを考えないといけないですね。

「大丈夫だろう」と思って同じ水槽に入れたとしても、例えば飼育員が投げた餌を食べるとき、餌の競り合いをして、その結果餌と間違えて咬まれてしまったこともあります。ですから大きさだけでなく、餌の取り合いをするような関係じゃないかも、気を付けないといけません。

餌についてですが、小型のサメに対してはやはり餌も小さくしています。基本的に使っている餌はアジ、イカ、エビ、あとカタクチイワシです。

アクアワールド・大洗で飼育している一番体の大きなサメがシロワニです。シロワニに対しては、大きさ約20センチほどある丸ごとのアジを、そのまま水面から下に落とすようにしています。それに対して、生まれて間もない小さなサメには、アジを三枚おろしにしてから、さらに小さくサイコロ状にして、場合によってはその餌を給餌棒の先につけて、口元まで持っていって食べさせます。

種類や大きさによって給餌の方法が変わるわけですが、60種類ほどのサメ全部に、それぞれの大きさに合った餌を用意してあげていくのは、非常に大変な作業です。ただ、やはりそれをしなければ、目が行き届かなくなり、どんどん痩せてしまったり、弱ってしまったりしますからね。午後になると、チームで手分けをしながら何時間もかけて各水槽のサメたちに餌をやっています。

深海性のサメの場合は、あまり強い光を当ててしまうと衰弱してしまいます。目が敏感なものですから。そういうサメがいる水槽は、光を極限まで落として、真っ暗に近いぐらいの環境を作ることが重要です。シロワニの子どもも、実は強い光が苦手なようで落ち着きを失ってしまうこともありますから、光を調整して、落ち着く照度まで落としています。

あと、つるの付いた卵を産むようなサメもいるのですが、その卵は通常だと海藻などに巻きつける習性があったりします。水槽の中で卵を産んでも大丈夫なように、作り物の海藻をたくさん水槽に入れて、繁殖しやすい環境を整えたりしていますね。運が良ければ、卵が海藻についているところを見られるかもしれません。

■シロワニの繁殖

先ほど繁殖に力を入れているという話がありましたが、もちろん私がゼロから始めたわけではなくて、先代の担当者が試行錯誤して試験飼育してきたこととの積み重ねがあります。水槽の環境をいろいろ変えてみるとか、そういう取り組み方を20年以上続けてきました。

シロワニの飼育に関しては20年ほど前に始めていますが、その当初から担当チームは、繁殖をさせようとさまざまな試行錯誤をしてきました。積み重ねの結果、現在のいろいろな成功につながっている、という感じです。

私としても印象に残っている繁殖といえばやはりシロワニです。先輩方が努力を重ねてきたサメなので、ぜひ「私が担当している間に繁殖させたい」という強い気持ちを持って、担当していました。

やはり最初は繁殖の気配がまったくなかったんですね。今までやってきたことに何かひと工夫を加える必要があるんじゃないかと考えるようになりました。そんな中、シロワニを飼育する水族館が集まって、小笠原諸島の野生のシロワニ調査をする機会があり、私も参加することができました。

注目したのは、やはり小笠原の自然です。それまで年間を通して水槽の水温を多少は変化させてはいたんですけど、小笠原の海で肌身で感じた温度を鑑みて、さらにダイナミックな変化をつけたところ、その2年後でしたね、繁殖に成功することができました。その水温変化が直接の原因かどうかはまだ分からないんですけど、今までやってきたことに一つ変化を加えたのは事実で、結果的に繁殖成功につながったという感じですね。

交尾した後、少しずつお腹が大きくなってきたメスのシロワニがいたのですが、それだけで妊娠確定ではないんです。太ってきただけかもしれないし、受精していない卵をお腹の中に溜め込んでいるだけかもしれない。

しばらくの間、ひたすらシロワニのお腹の観察を続けて、ある日お腹が動いているのを発見することができました。「シロワニのお腹の中に赤ちゃんがいるぞ」と。それで妊娠確定でした。

あの胎動を見たときは、自分でも心臓が飛び出るくらい嬉しかったです。同時に「これはもう大変

アクアワールド・大洗のシロワニ

なことになるんじゃないか」という緊張感も覚えました。
それ以降の生まれるまでの4ヶ月間は、出産に備えてほぼ24時間体制で観察していきました。シロワニの妊娠期間は約1年なのですが、実際に生まれるのに15ヶ月ほどかかってしまいました。今まで知られていた情報よりもずっと長い期間がかかりましたが、その間もみんなで水槽の前に張りついてじっと様子をうかがっていました。すごい緊張感が続いていましたが、「絶対に成功させる」という気持ちはみんな持っていましたね。

結果として無事に生まれてくれましたが、今度は育成に関する情報もほとんど出回っていないし、海外でもあまり例がなくて、やはり試行錯誤がありました。これまでにシロワニの繁殖に成功したのは海外の4つの水族館だけで、国内では初めてです。ですから積極的に海外の水族館とコンタクトをとって、育成に関する情報を収集していきました。
すべてが初めてのことでしたが、本当に貴重な体験になりました。

■アクアワールド・大洗で人気のサメ

単純に人気のあるサメということでは、やはり頭の形が特徴的なシュモクザメの仲間でしょうか。図鑑もたくさん出ているし、最近の子どもたちはサメのことをよく知ってるんですよね。「ハンマーヘッドシャークだ！」と言って喜んでくれます。うちでも展示は欠かさないようにしているサメですね。ノコギリザメも、頭の先がノコギリ状になっていて形が面白いので、人気がありますね。

サメはサカナの中でも人気が高いですが、その理由としては、怖いというイメージがポイントになっていると思います。人間というのは「怖いもの見たさ」みたいな性質を持っていて、例えば表紙に恐ろしいサメが口を開けたような本があると、ついつい手に取ってしまうんじゃないかと。

また、海洋の生態系の中ではトップに近い位置にいますよね。トッププレデターと言いますか、頂点に立つ存在なので、まずその時点で魅力があるというか、心惹かれるものがあるのかもしれません。

水族館でサメを見るときのポイントですが、私が個人的に見てほしいのは餌やりの時間です。

サメのイメージというと、一般のお客様からすると、どうしても「人を襲う怖い生きもの」なんですよね。ですが、実は多くのサメはそういうことがなくて、非常に穏やかで優しい。どちらかというと神経質な生きものなんです。そういった性格は、特に餌やりのときに表れます。

一番大きなシロワニなんて顔つきはすごく怖いんですけど、餌を食べるときは周りのサメを気にしながら、順番を守るように横取りしないように食べるので、とても行儀が良く見えます。底に落ちた餌を静かに拾って食べたりもしていて、見た目とのギャップがまた面白いです。

サメの動きをずっと見ていても飽きませんね。ずっと動き回っているサメもいるし、動くことなくじっとしているサメもいます。遊泳のため非常に滑らかにゆったり泳ぐサメなんかは、時間を忘れてしまうぐらい魅入ってしまいます。砂地に身を隠し、どこにいるか分からないサメもいるので、謎解きのように探して回るのも楽しいですね。

それからアクアワールド・大洗では生きものの展示だけではなく、サメの研究分野にもしっかり取り組んでいます。先ほどのシロワニのような繁殖研究についても展示しているので、ぜひ見ていってください。

サメというサカナが、まだまだ謎の多い生きものなんだなと、感じてほしいですね。

【プロフィール】

とくながこうたろう：アクアワールド茨城県大洗水族館魚類展示課所属の飼育員。絶滅危惧種であるシロワニの飼育担当になり、2021年に国内で初めて飼育下での繁殖を成功させ、大きな注目を浴びる。論文の発表や地元の学校での特別授業など、研究・教育分野にも参加。

サメのイメージというと、
「人を襲う怖い生きもの」ですよね
実は多くのサメは、そういうことがなくて
非常に穏やかで優しい

――徳永幸太郎

海獣の人

芦刈治将

［サンシャイン水族館］

水族館の人気もの、海獣たちに触れる

海獣とは海にいる哺乳類のこと。そこにはクジラ、イルカといった鯨類のほか、アシカやオットセイ、ラッコなど、『動物園・水族館の好きな生きものランキング』があれば、必ず名前があがるような人気ものが多い。その可愛らしい姿を見て、癒やしを覚える人もいるだろう。そんな〈水族館の人気もの〉のスペシャリストとも言えるサンシャイン水族館の飼育スタッフ、芦刈治将さんにお話をうかがった。芦刈さんが日々工夫を凝らしている点、チェックしている点を知ることで、海獣たちを見る面白さも増していくことだろう。

写真協力：サンシャイン水族館

■〈海獣のプロ〉になるまで

　私は転勤族の家庭で、日本全国を転々とする小学校時代を過ごしました。そこで地方に行くことも多く、それぞれの地域で自然に触れ合うこともあり、自ずと生きものが好きになっていきました。中学生から高校生の頃、日本産の淡水魚にハマり始めます。当時、熱帯魚ブームが到来して、それこそ『フィッシュマガジン』〔※緑書房刊〕、『アクアライフ』〔※エムピージェー刊〕、『楽しい熱帯魚』〔※白夜書房刊〕といった雑誌がどんどん盛り上がっていった時代だったと記憶しています。

　その頃のブームに乗り熱帯魚にもハマりました。そこから、サカナの世界を知りたいという気持ちが高まり、水産系の大学に行きました。大学でも日本産の淡水魚（ウグイ属の遺伝的分化）についての研究で、そのまま水族館で働きたいと思うようになりました。ただ、当時は就職氷河期でした。水族館への就職はもともと狭き門なのに、氷河期でさらに入りづらくなっていました。

　そこで、まずは飼育のアルバイトとして葛西臨海水族園に入ったんです。葛西に勤めていた頃は主にサカナの担当です。〈世界の魚〉というコーナーを見ていたので、図鑑でしか見たこともないような、世界中のサカナの名前を覚えましたね。

　そこで2年ぐらい働いている間に、正規の飼育スタッフとして働くことのできる水族館を探し続け、ようやく鳥羽水族館に合格しました。鳥羽水族館でもはじめは大型の熱帯魚などのサカナを担当していたのですが、働きだして2、3年目ぐらいからどんどん海獣類にシフトしていったんです。

当然のことですが、魚類と海獣類はまったく違う生きものです。

水族館で働きだしたとき、アシカとアザラシの違いすら分かっていなかったんです。「アシカとアザラシって何が違うのですか」と聞かれても、「なんとなくは分かるんですが……」というレベルでした。でも、海獣飼育を始めて2、3年経ってから、個体同士の関係に注目し、「何かこちらの思っていることが伝わっている?」と思い始めた頃から、すごく親近感が湧いて、面白みを感じていきました。海獣類は表現力もかなり豊かなので、その辺も見ていて面白いですね。

そして、当時、二見シーパラダイス［※現・伊勢シーパラダイス］でのパフォーマンスを見て、生きもの、スタッフ、お客様の一体感、面白さに一気に引き込まれ、「もしかしたらこれが自分の生きる道なのかも」と思って、一気に海獣類に振り切りました。ちなみに伊勢シーパラダイスは、何もかもが異次元すぎて、大好きな水族館です。


私が勤務していた鳥羽水族館は海獣類がすごく多く、ジュゴン、マナティ、アザラシ、セイウチ、オットセイ、アシカ、それにイロワケイルカ、スナメリといった他の園館では飼育されていない珍しい種類もいて、海獣の飼育を幅広く勉強できました。鳥羽水族館時代の後半に、メインで担当していたのは、セイウチなどのいわゆる鰭脚《ききゃく》類です。このセイウチが私の飼育人生を大きく変えたと言っても過言ではないかもしれません。

しばらく鳥羽水族館にお世話になった後、東京スカイツリーの下に水族館ができるということで、すみだ水族館に移りました。そこでは途中で金魚を担当することもありましたが、やはりオットセイやペンギンといった海獣類が主な担当でした。

そして、２０１９年から現在のサンシャイン水族館に勤めています。こちらではコツメカワウソ、ケープペンギン、爬虫類などの飼育を担当しています。

■海獣を学ぶ

海獣類の飼育に限りませんが、とにかく学ぶことが多いので日々生きものについて勉強し、情報を集めています。

日本は水族館が多いので、いろいろなところにすごい技術を持った飼育スタッフがいます。私の場合、そういった方の姿を見ることで多くのことを学びました。特に三重県の伊勢シーパラダイス、静岡県のあわしまマリンパーク、神奈川県の八景島シーパラダイスには、仕事が休みの日によく展示を見に行ったり、飼育スタッフの話を聞いたりすることで、自分が成長させてもらったと思っています。本当に、大変お世話になりました。

最近では、このご時世だからこそ、本を読むことがとても大切だと思っています。日本語、英語関係なく、とにかく書籍や文献を自分の手元に集めるようにしています。今、家の本の量がすごいことになっていますよ。毎日のように本が届いているので家に帰るのが楽しみですね。

本や文献も昔と比べてすごく集めやすくなったと思います。論文などもＷＥＢで探すとすぐ出てきたりします。そういった〈調べる能力……知識を集めるための能力〉も、これからは必要だと思います。

検索するときは、一般的な名前よりも学名を入れたり、学名プラス何かキーワードを入れたりするのが探し方のポイントです。

私のブレイクスルーになった本も持ってきました。『ゾウの知恵 陸上最大の動物の魅力にせまる』［※田谷一善（編著）、片井信之（著）／GH刊／2017年］という本ですが、これがもう私の中では衝撃的で……。

これは言ってみれば〈オール・アバウト象〉のような本です。象の事典のようであり、さらに飼育下で分かった象の情報が、専門的でありながら、すごく分かりやすくまとめられています。例えば動物園でゾウの担当になったら、まずはこれを読んでくださいという本です。やはり海獣についても、1種類ずつ、こういう本が欲しいですね。というか、作りたいです。

現場で特に学んだのは、海獣類をお互い安全安心に飼育していくためのトレーニング（接し方）です。そういう技術は、実際に生きものに向き合わないと分からないものです。そのために現場で先輩や他のスタッフが何をやっているのかをよく観察し、自分には何ができるのか、取り入れられるものはないかを常に考えます。あと最近はこれらに関する講習会や勉強会がよく行われているので、そういったものにも参加するようにしています。

そういうイベントに参加することが自然と楽しくなっています。シンポジウムや講演会には誰よりも行っていて、そういうところで人とのつながりもできます。とにかく、人と会ったり、話を聞いたりすることで、自分を客観視できたり、視野が広がったりする感じがします。

これまで飼育スタッフ同士の横のつながりや情報共有というのは、おそらくあまりされてこなかったように感じます。みんなで情報を共有した方が、その先にいる生きもののためになると思います。自分でその情報を利用するかどうかは別として、引き出しとして持っておくのはすごく大事かなと私は考えています。

■海獣飼育の仕事

今の仕事の流れは、まず朝礼から始まり、昨日あったこと、今朝の生きものの状態、今日の予定を共有した後、カワウソの作業に入ります。カワウソが生活する場所を綺麗に掃除して、展示をするというのがスタートです。その後は水質をチェックして、飼育設備の確認をします。午後は飼育方法の提案や今後の計画、イベントの検討などに時間を費やしています。若いスタッフの成長のために、極力現場の作業は減らしていますが、何かあったらすぐに出られるような体制にしています。

生きものの体調チェックのポイントは、普段との違いを探すことです。例えば「この子たちは、いつもここで寝ている」というのは頭に入っているので、「あれ、いつもと違うところで寝てるぞ。これはおかしいな」などと体調の変化を疑ったりしています。他にも目の開き具合だったり、体の脱力の仕方だったり、歩き方や動き方というのは、異変に気付きやすいポイントです。

普段と違うことに気付けるというのは、頭の中に正常な生きものの状態の画があるからです。いつもちょっとした違いに気付けるように心がけていますね。〈正〉の状態を知らないと、その状態が逸脱しているかどうか分からないので、常に何が〈正〉かを把握するというのが、すごく大事だと思います。ただ、いつも同じ生きものを見ていると、意外と〈正〉の状態が分からなくなってしまうこともあります。そういう意味で、たまに状態をチェックしに行く方が逆に良かったりもします。現場のスタッフは毎日同じ生きものを観ますから、ちょっとずつ状態が変化すると、ズレにあまり気付かなかったりします。私は今、スタッフを育成する立場でもあるので、なるべく彼らが経験ができるよう一歩引いて見るようにしています。一歩引いたことで「これは何かおかしくないか？」と気付きやすくもなりました。生きものの状態を確認するのは、いろんな人の、いろんな角度の眼で見るというのが重要かなと私は思います。

あと水族館は、当たり前かもしれませんが、やはり水がとても大事だと感じています。水の色にしても、水質にしても、常に綺麗な状態にしています。そこは知識・経験がないと難しいところなので、後輩に引き継いでいきたいと思っています。

給餌については、〈直接飼育〉と言って、生きものと直接相対する給餌の仕方が多いです。だから生きものも自分も、〈お互いに安全第一〉という点は物凄く気を付けています。海獣だと体の大きい個体もいますし、小さくても、人の動きでは追いつけないような能力を持っている動物もいますし……ペンギンでも、もし目をつつかれでもしたら、大変なことになりますしね。

芦刈さんがサンシャイン水族館で飼育を担当しているコツメカワウソ（左）とケープペンギン（上）

■エンリッチメントとは

水族館の生きものは限られた場所で生活しているため、選択肢が減ってしまうことがあります。例えば餌についても「今日の餌はこれ。この時間にあげます」といった感じになりがちです。好きなものだけ与えるわけではないですが、好きなものを選ばせてあげることも、実は大事だと思っています。

私たちは「お昼ご飯は何を食べようかな」と思うと、周りにいろんな選択肢があります。そこがすごく重要で、脂っこいものを食べたくないときもあれば、今日はこっちを食べたいというときもある。生きものたちにも、その辺りをできる限り考慮し、尊重してあげたいんです。

それは餌に限らず、例えばカワウソならば自然界でしている行動ができるようにしたり――

噛むとか、泳ぐとか、手で探るとか、喧嘩するとか。それを飼育下でも、うまく発現させてあげたいと思っています。

発現させずに、もし制限されているとしたら、本当はしたい行動が減ってしまい、飼育スタッフが入ったときに思いもよらぬ行動に出てしまうことにもなりかねないのです。例えば、本来、〈噛む〉という行動があるのにできないままでいると、人間が入ってきたとき、「何か入ってきた。噛んでみようかな?」となる可能性があります。だから普段からいろんなものを入れてあげて、彼らが今「したい行動」を見つけて、できるようにしてあげたいと思っています。「今日は三つの中からどれを選ぶ?」と。なので、日によって選ぶものも変えています。

「餌が生きものにとって一番のご褒美になる」という考えは、カワウソを担当するようになってガラッと変わりました。例えば、メスだけの展示内に、餌と、オスの臭いのついた毛布を入れておくと、餌の方には行かないことが多いです。「今は、とにかくこの毛布の匂いをふがふがと嗅いでいたい。それで満足したら何か食べに行く……」と。そこで「餌を出しておけばいいでしょう」となると、カワウソの選択肢が減ってしまいますし、自分の中の生きものに対峙するときの引き出しも空っぽのままになってしまう気がしています。

これは生きものたちの心や体の充足を促す〈エンリッチメント〉という考え方です。彼らの求めているもの、できる事柄を提供して、拡大してあげる環境の設定が、エンリッチメントの根本になっているのかなと思います。

サンシャイン水族館のカワウソ展示の中にある石や枝なんかにも、一つ一つに意味があります。

私は休みの日によく松ぼっくりを探しに出かけます。カワウソにあげるためです。彼らは松ぼっくりを齧《かじ》ります。齧《かじ》ると歯石などが取れたりするんでよね。きっと彼らは自然界で、目の前にある、ありとあらゆるものを齧《かじ》っていると思います。でも、その日によって好きなものがまったく違うので、松ぼっくりだけでなく、いろいろな引き出しを用意するようにしています。もう際限がないんですが、ここが面白い部分でもあります。そういう理由で、いつも水槽には、展示の景観を崩さない程度に自然のものをいろいろと入れています。

また、餌をそのまま差し出すのではなく、フィーダー［※給餌器］を自作して、彼らに使ってもらっています。どうやったらフィーダーの中から餌を捕れるのか、挑戦しながら食べてもらうためです。

生きものって、追いかけたり捕まえたり、何か行動して餌を捕っているはずなんです。ただじっと待っていても口を開けているだけでは、餌はやって来ません。ですから、フィーダーのようにちょっとした〈捕る〉ためのひと手間を加えて、餌を食べてもらいたいんです。

ただ与えられるのではなく、自分から行動して捕りに行く。それが当たり前なんですけど、生きものには重要なんだと思うんです。

カワウソで見られるんですけど、フィーダーに入った餌と、ただお皿に入れた餌を同時に提示すると、フィーダーの方に向かっていきます。生きものは何かひと工夫しないと取れないものの方に行く、これを〈コントラフリーローディング〉と言います。

この習性は人間にもあるようで、例えばカニを食べるとき、すでにむいてあるものを食べるのと、自分でほじって食べるのでは、自分でむいて食べた方が美味しく感じたり、夢中になったりしませんか。

そういう〈何かひと手間〉を加えると、ものの価値が上がったりするんです。一人でご飯を食べるよりも、みんなで食べた方が美味しいというのも、コミュニケーションをとる人間ならではのコントラフリーローディングらしいです。焼肉屋で自分でお肉を焼いて食べると美味しい、というのも、それにあたるようです。実に面白いです。

（――水族館で海獣が人気の理由は）そうですね……ひょっとしたら日本に水族館が多いのは関係があるのかもしれません。一つの国の中に、こんなにたくさんの水族館があるのは日本くらいじゃないでしょうか。それで小さい頃から海獣に触れる機会があり、親近感が湧く、興味を持つという感じがあるのではないでしょうか。あとはイルカやペンギンだと、可愛いキャラクターや、ヌイグルミになっていることが多いから？　ですかね。

水の中というのは普通に生活しているとなかなか覗けない部分ですから、そこにも魅力があると個人的には感じています。私は子どもの頃、どちらかというと陸上にいる生きものが好きでした。水を介して飼育するところに、何か大きな魅力を感じました。水族館は、自分の生活スタイルとはまったく違う、非日常の水の中ですから、そこに不思議さとか、面白さ、かっこよさを感じ、ずっと魅了され続けています。

【プロフィール】

あしかりはるまさ：1976年生まれ。現在サンシャイン水族館では、ペンギン、カワウソ、爬虫類を担当。これまで、セイウチ、アシカ類、アザラシ、海牛類、イルカ類、ペリカン、ザリガニなど様々な生物を20年ほど担当。葛西臨海水族園をはじめ、鳥羽水族館、すみだ水族館、サンシャイン水族館とキャリアを重ねてきた。動物園、水族館に関わる情報を集め、発信することを趣味としている。

噛むとか、泳ぐとか、
手で探るとか、喧嘩するとか
それを飼育下でも、
うまく発現させてあげたい

——芦刈治将

クラゲの人　奥泉和也
［鶴岡市立加茂水族館］

人気高まるクラゲの幻想的世界

クラゲを大フィーチャーした水槽展示で、唯一無二の存在感を確立した、山形県の鶴岡市立加茂水族館。そのサクセスストーリーは、水族館ファンのみならず、広くしられているところ。圧倒的なクラゲの大水槽を始め、クラゲ料理などで話題をさらった同館だが、あくまで水族館で生きものとしてのクラゲを見る、というところに着目すると、どんな魅力が見えてくるだろう。クラゲの専門家として、国内外で注目を受ける名物館長の奥泉和也さんにお話を聞いた。

写真協力：加茂水族館

■日本一のクラゲ水族館

加茂水族館は、１９３０年に創立された山形県水族館から発展して現在に至ります。一番最初は地元の組合組織によってつくられました。戦前から戦後にかけては閉館となり、戦後は山形県水産学校の校舎として利用されていましたが、それが加茂町に返還された後、昭和の大合併によって加茂町が鶴岡市と合併し、鶴岡市立加茂水族館という名前が生まれました。

１９６４年には2代目の建物ができます。当初は市営でしたが、第3セクター方式での再開発があちこちで行われた結果、加茂水族館も鶴岡市から民間の第3セクターに売り払われました。そこでは経営がうまくいかず、一度だけ倒産を経験しています。

その後、さまざまなことを試していきましたが、さほど大きくもない古い水族館だったので、だんだんお客さんも減っていきました。60年代の2代目水族館のオープン当初は、来館者が20万人を超えていたのですが、次第に斜陽になっていき、クラゲを展示し始めた１９９７年頃には10万人を割り込みました。つまり、入館者数が最盛期の半分になったというわけです。

さまざまな集客の取り組みの中で、特別展というものを行ってみました。当時の加茂水族館は地元のお客さんがターゲットでしたが、地元のお客さんは一度来ると10年は来ないと言われていた時代です。それを毎年呼び込むため、毎年テーマを決めて特別展を行えばいいのではないかと。

特別展を5年続けて行いましたが、お客様は一人として増えませんでした。

最後の年に、〈生きたサンゴと珊瑚礁の魚展〉という特別展を行いました。１９９７年のことで、そのときサンゴの水槽の中に変な生き物が泳いでいるのを見つけました。自分が見回りをしているときだったのですが、照明の下に4ミリぐらいの大きさでしょうか、30個体ほど何かが泳いでいたんですね。それを前館長（村上龍男氏）や先輩に見てもらっても、何かわからない。

知り合いの水族館の飼育員に電話をして聞いてみると、それはたぶんサカサクラゲだろうと。「餌はアルテミアで大丈夫だよ。温度は25度以上にしてね。共生藻を持っているから明かりを当てるとおいいよ」といったことを言われました。それを育てて、２ヶ月ほどすると、５００円玉ぐらいの大きさまで成長したんですね。

展示してみたところ、お客さんが大喜びしてくれました。その様子を見て、私たちも「これは面白いものだな」と感じた、というのがクラゲに注目するようになったきっかけです。


下村脩先生がノーベル化学賞を受賞した［※オワンクラゲの発光の仕組みを研究していたことが受賞につながる］ニュースが、２００８年に物凄い話題となりました。

ノーベル賞のシーズンというと秋ですよね。オワンクラゲが日本で採れるシーズンというのは、春から初夏にかけて。特に春なんです。春に採れたものを秋まで生かすというのはなかなか至難の技なので、ニュースが出た秋には、ほとんどの水族館にオワンクラゲがいませんでした。でも加茂水族館では、当時から1種類でも多くのクラゲを展示しようとしていたので、オワンクラゲも頑張って繁殖させていた

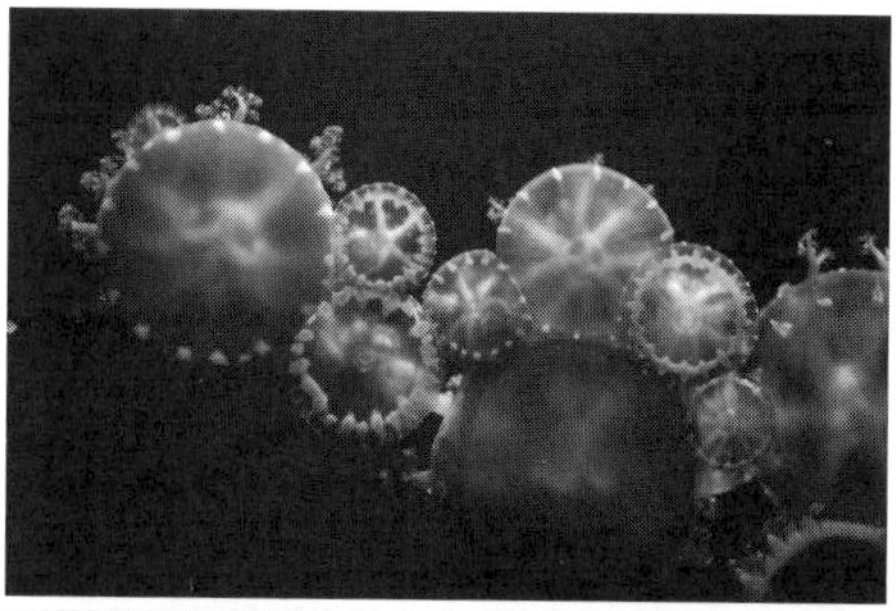

加茂水族館がクラゲに注力するきっかけとなったサカサクラゲ

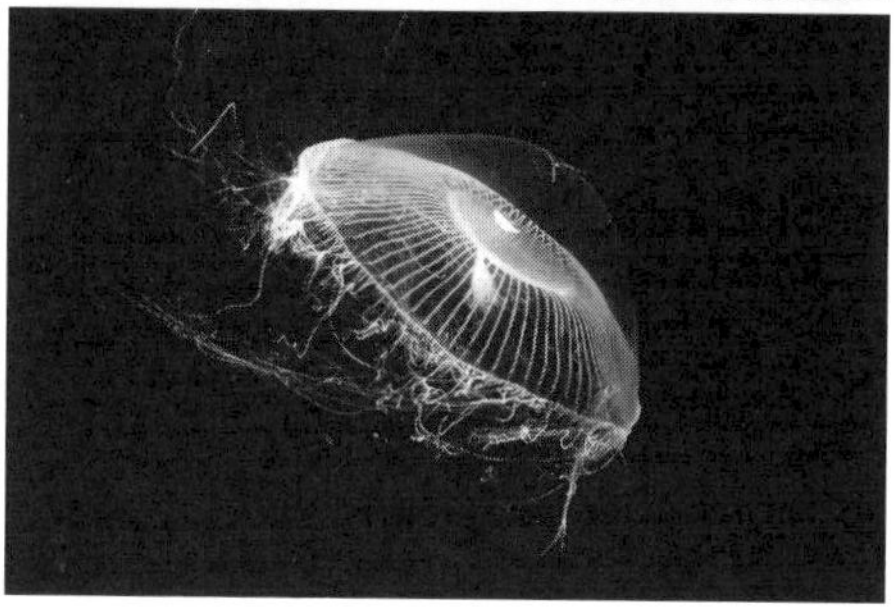

オワンクラゲ

わけです。だからノーベル賞に関する取材が加茂水族館にみんな集まってきたという経緯があります。そういった話題もあったためか、加茂水族館の入館者数は、そこで5万人ぐらいのベースアップになったと考えています。それは今でも続いていますね。

当時の館長の村上さんが、下村先生に「受賞おめでとうございます」という形で手紙を送ったところ、返信をいただき、さらに下村先生も2010年には加茂水族館にいらしてくださって、その後、名誉館長にもなっていただきました。

■クラゲ展示の工夫

クラゲを水槽に入れると皆さん大喜びするということで、海にクラゲを採りに行って、展示していきました。ただ、その頃は専用のクラゲ水槽もなかったので、だいたい1週間もたずに死んでしまいました。最初の年は5種類ぐらいのクラゲを展示してみましたが、どうやって死ぬかをよく観察していくことで、その原因がだんだん分かっていきました。

3年後の2000年には、加茂水族館オリジナルのクラゲ水槽が完成しました。これは濾過槽に水が戻る面積を広くして、大きい水量を淀みなく循環させることができる水槽です。これによってクラゲをうまく飼えるようになりました。そのクラゲ水槽は、未だに特許を取得していなくて、現在のパリやウィーンの水族館でも、その仕組みの水槽が使われています。

クラゲ自体についても、購入できるクラゲ、他の水族館と交換できるクラゲ、我々で採集できるクラゲ、繁殖できるクラゲなどを増やしていき、12種類の展示ができたところで、クラゲカレンダーをつくりました。当時、日本で一番多くクラゲを展示しているところでも11種類だったので、我々は日本一のクラゲ展示をしようということで、12種類をそろえたんですね。

当時、我々がクラゲ展示を始めるまで、クラゲは他の水族館に研修に行かないと展示できるような代物ではない、という認識がありました。非常にハードルの高い生き物でしたが、当時11種類の展示をしていたところが国内に2館あったので、「小さい水槽でもいいから、種類を増やしたいよね」ということで、頑張って飼育できる種類を増やしたんです。

今では直径5メートルの〈クラゲドリームシアター〉という大水槽があります。あの水槽に限らず、

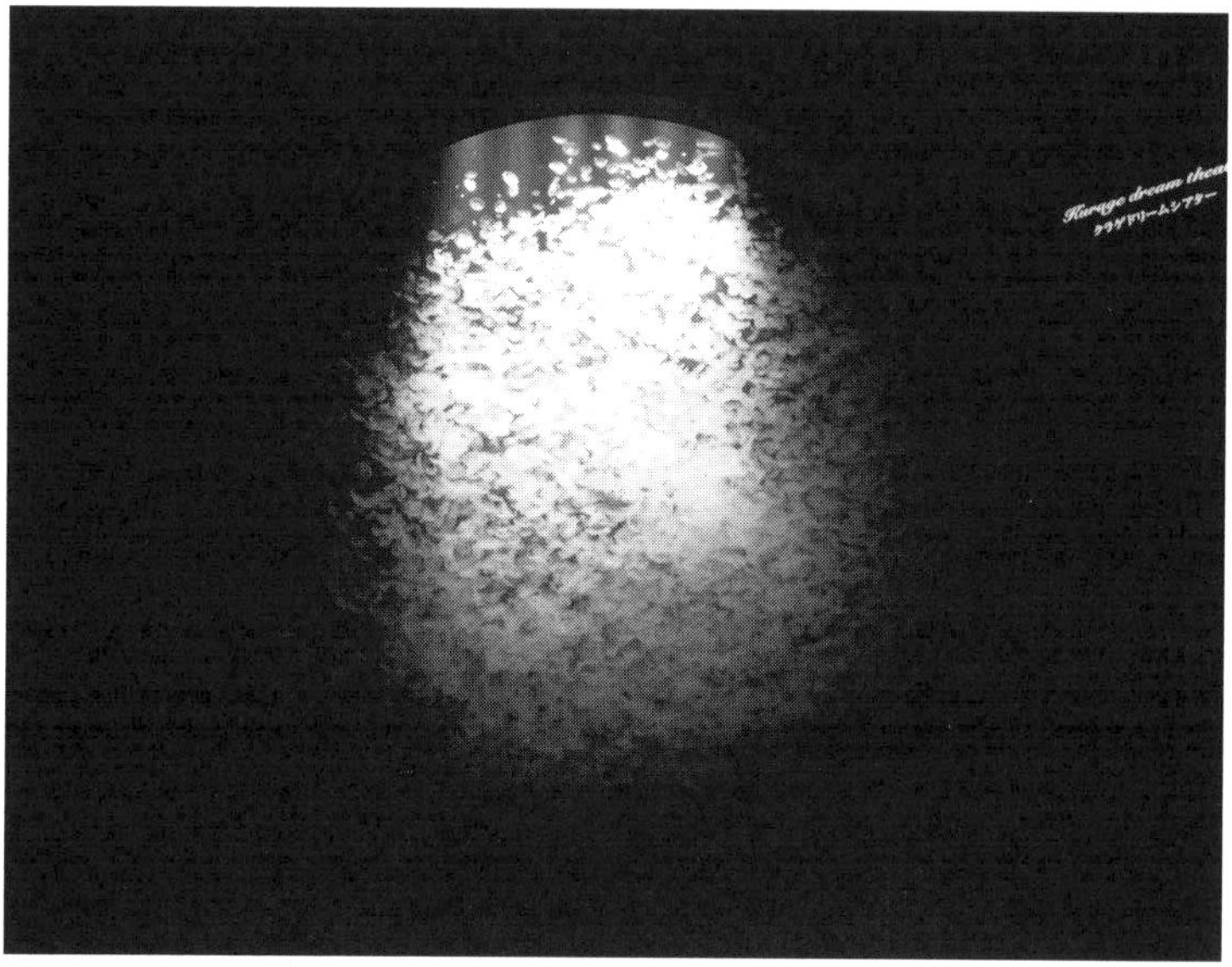

クラゲドリームシアター

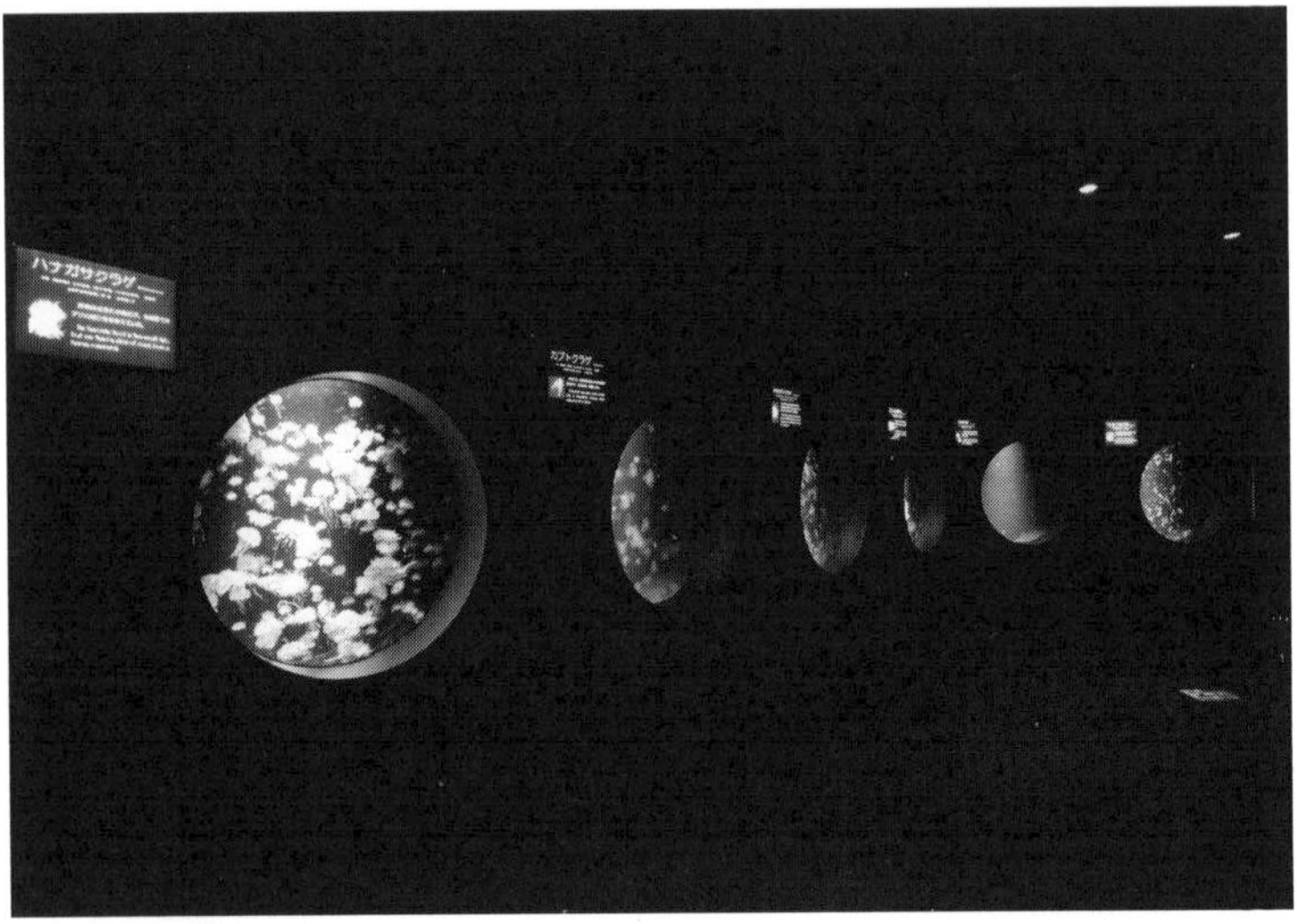

クラゲ展示室の様子

今現在、加茂水族館で使っているクラゲ水槽は、全部私が設計しました。これにはお金がなくて水槽を買えなかったという経緯もあります。貧乏で倒産も経験していますし、自分で改良するしかなかった。それで2000年に図面を引いて、そこから（クラゲ水槽の増設が）始まったんです。

今ある水槽についてですが、ウォーターバスといって、水槽を水の中に浸けて温度を保つ水槽や展示用のビーカーも合わせれば80個以上のクラゲ水槽があると思います。それに加えて、ミズクラゲの場合、クラゲが発生するような展示もしています。オキクラゲに関しては、一日目から四日目の変態の様子もお見せしていますね。こういうものは映像を使わないで、実物を顕微鏡下に置いて観察してもらうようにしています。

クラゲの飼育技術については、常にトライアンドエラーです。飼育して死ぬ、それは何で死ぬの

ミズクラゲのさまざまな成長段階を見ることができるクラゲ栽培センター

か、その1点に尽きますよ。死なないように飼育するためにはどうするか、ですね。クラゲが死んでしまう要因は、水流、水温、水質、餌、それから飼育密度など、本当にさまざまです。

ただポリプを採るのは比較的難しくないので、ポリプを採って繁殖技術を徹底的に磨いてきました。それによって加茂水族館で生まれたクラゲが展示の9割以上を占めるようになりました。今は100種類分ぐらいのポリプのストックがあります。

■クラゲと食

クラゲの展示を始めた頃のお話ですが、いいものを展示しているという自負はあったものの、それがなかなか浸透せず集客につながりませんでした。いい展示を行っていても、知られなかったら存在しないも同じです。そこでアイデアマンである前館長の村上さんが、「面白いことをやれば全国から取材が来るのではないか、そして加茂水族館で行ってることも広く知られていくだろう」ということで始めたのが〈クラゲを食べる会〉でした。

クラゲを食べる会といっても、クラゲというのはそもそも食材として流通しています。だから、ただクラゲを買ってきて食べるのではなくて、加茂水族館で飼育して増やしたクラゲや海に行って採ってきたクラゲなど、食材として流通していないものを食べたのが始まりです。それは物凄い宣伝効果があって、全国区のテレビ番組が何度も取材に来ました。最後の方にはフランスの国営放送まで取材に来るという、面白い状況になりましたね。それで加茂水族館が何か面白いことを行っているということが世に知れ渡りました。

その後、クラゲラーメンやクラゲアイスを提供するようになりました。これらには流通している食材のクラゲを使っています。ただ、やはりちょっと無理やり感があるので、2023年に、サンゼンクラゲを使った〈クラゲ御膳〉を始めました。

昔から名前に〈ゼン〉のつくクラゲは食べられると言われていて、それがエチゼンクラゲ、ビゼンクラゲ、ヒゼンクラゲの三つの〈ゼン〉のクラゲです。〈クラゲ御膳〉は、それらを網羅した料理です。当館には伝統に根ざした調理法のできる板前さんがいますので、そういうレベルの人だからこそできる、冗談ではない、本当の美味しさのサンゼンクラゲの料理になりました。

■クラゲを見ることの魅力

クラゲというのは、とにかく物凄く綺麗なんです。ただ見ているだけでも、ひらひらして、すごくゆっくり動いているものもいれば、中にはせせこましく、ちょこちょこ動くものもいる。色のバリエーションもたくさんあります。加茂水族館のクラゲ水槽の照明は、すべて白から青に近い色にして、クラゲの地の色が浮き出るようにこだわっています。そして、やはり見ていただきたいのは、その個性ですね。クラゲの素の姿を見て、その綺麗さ、優雅さ、それからコケティッシュなところを見ていただきたい。そこで興味を持った方のために、さらに繁殖の仕方、生息域、化学、組織など、加茂水族館ではさまざまなアプローチでクラゲを展示しています。それらを見て、クラゲを好きになっていくと、人間とどう関わっているのか詳しく知ることができます。

そういった、さまざまなクラゲの魅力を知ってもらいたいなと思っています。

入口のハードルはかなり低いと思うんですよ。最初は優雅さ、綺麗さを見てもらうだけで十分だし、それで完結してもいいんです。その後は、生物学的な面に興味を持っても面白いし、写真を撮っても、絵に描いてもらって綺麗です。ミュージシャンでクラゲをテーマに音楽をつくる方もいます――加茂水族館では、『音楽の夕べ』と題して、クラゲ水槽前のスペースでコンサートイベントを開催しています。こういった、さまざまな文系のアプローチもできるので、人それぞれの楽しみ方を見つけてもらえると思います。

そして、やはり生態的な面白さです。

クラゲは、体の90%以上が水分でできているゼラチン質プランクトンの総称なので、いろいろなものがクラゲと呼ばれます。よく知られている刺すクラゲ――刺胞動物のクラゲと言われていますが――は、雄と雌がいて、放精・放卵によって多くのものはポリプをつくる。ポリプは無性生殖によって増えて、あるときそこからクラゲが泳ぎだす……というような面白い増え方をしています。それから有櫛動物のクラゲ［※トゲを持たず刺さないクラゲ］は雌雄同体なんですね。これも受精卵を作って増えています。ミズクラゲ、オキクラゲに関しては、そういった発生からのステージを全部お見せするようにしています。

加茂水族館としては多種多様なクラゲを、これからも展開していきます。3年後［※取材は2023年2月に実施］には、100種類を超える展示をするための、大幅なリニューアルを考えています。それが完成すれば、今以上にクラゲのさまざまな側面を楽しむことができる水族館になると思います。

最後に、一つお伝えしておこうと思ったんですけど、自分が水族館に入った理由というのが、仕事で釣りができるのではないかなと思ったからなんです。

若い頃は忙しくてそれどころではなかったけど、今はクラゲ採集に行くとき、必ず釣竿を3本ぐらい持って行きます。今、加茂水族館にいるキジハタとかイナダ、カマスは全部私が釣ったものなんです。

だから、やっぱり水族館というのは、クラゲにせよ、アシカにせよ、何にせよ、そういう生きもの好きの連中が集まっているんですよ。単に勉強ができた人ではなくてね、本当にちっちゃい頃から釣りキチ三平だったような人たちが水族館をつくっているんです。私もあの本やアニメをワクワクして見ていた世代ですから。

そういうことをね、やっぱりみんなに知ってもらいたいなと思っています。

【プロフィール】
おくいずみかずや：加茂水族館館長。1983年、農業高校を卒業後、アシカの飼育員として、加茂水族館に入る。1997年、クラゲ展示の取り組みを始め、2003年に米モントレーベイ水族館を抜く20種の展示で加茂水族館をクラゲ展示数世界一に導く。さらに2012年には、30種の展示を達成し、同館がギネス記録に認定される。2015年、同館の館長に就任。

クラゲというのは、
とにかく物凄く綺麗なんです
その綺麗さ、優雅さ、
コケティッシュなところを見ていただきたい
そして、やはり生態的な面白さ

——奥泉和也

幼魚の人

鈴木香里武

［幼魚水族館］

仔魚でもない、成魚でもない、幼魚の生き方

2022年7月、静岡県の清水町に、幼魚を専門とする、その名も〈幼魚水族館〉がオープンした。館長は、近年メディアで幼魚の魅力を説いて注目を集め、岸壁幼魚採集家と呼ばれる鈴木香里武さん。企画・展示はもちろん、すべての魚名板を鈴木館長が自ら手がけている。本章では、香里武館長にお話をうかがい、幼魚水族館に込めた思いや、幼魚たちの小さな体に詰まった壮大なストーリーに触れてみたい。

写真協力：幼魚水族館

■幼魚水族館の設立まで

幼魚《ようぎょ》って、意外とフワッとした存在なんですよね。学術用語としては、稚魚《ちぎょ》という幅の広い段階があって、その中に含まれるようです。

卵から生まれてすぐのサカナが仔魚《しぎょ》。このときはプランクトンの状態で、ほとんど餌も摂りません。ちょっと成長して、プランクトンを食べ始めるぐらいになると稚魚期が始まります。これまでの魚類研究の分け方だと、この稚魚の時期がずっと続いて、いきなり成魚《せいぎょ》になります。でも、それはちょっと不自然だなと思っていて。人間で言えば、幼児の次がいきなり成人になるようなものですから。

稚魚の中にも、泳ぐ力もなく漂っている段階と、少しは自力で泳げる段階がありますけど、それぞれ生活スタイルがまったく違います。ですから、そこは分けた方がいいんじゃないかな……ということで、泳げるようになった稚魚後期のことを〈幼魚〉と呼ぶようにしてるんです。人間でいう新生児が仔魚、ハイハイを始めたくらいが稚魚だとしたら、元気に走り回るやんちゃな小学生が幼魚だと思います。自力で泳げるけど、まだ敵から逃げるほどの力は持っていない、という存在です。

幼魚が学術用語かというと微妙なところですけど、学者さんでも使う方は結構いらっしゃいます。僕が作った概念というわけではなく、ちゃんと定着はしていると思います。

幼魚にこだわり始めたのはもうはるか昔のことで、その魅力を伝えたいとは思っていました。既存

幼魚水族館は、静岡県清水町にあるショッピングセンター、サントムーン柿田川の一角にオープンした

の水族館に幼魚コーナーがあっても、やはり大きな水槽で泳ぐ大きな魚が主役になるので、幼魚は素通りされちゃうんですよね。飼育が難しいわりに展示しても「映えない」と言われてしまうし。そういう今まで展示の主役に回らなかった子たちをスターにしたい。そのためには、もう専門の水族館を作るしかないだろうと。それも僕が幼少期から親しんで、幼魚の魅力を教えてもらった駿河湾の近くに作りたい――とはずっと思いっていました。

　僕は小学生のときに、石垣さん［※石垣幸二。〈海の手配師〉と呼ばれる水棲生物の採集・手配のスペシャリスト］に出会って、それ以来、いろんなことを教えていただいています。僕がずっと漁港の岸壁に這いつくばって、サカナを網ですくっている姿を20年近く見てくださっているんです。

　いよいよ僕がメディアで幼魚の話をできるようになってきたタイミングで、「香里武の頭の中を具現

漁港の岸壁に這いつくばって採集をする鈴木香里武さんの様子

化しようじゃないか」と石垣さんが言ってくださり、ご縁があって、ここサントムーン柿田川内に幼魚水族館を作ることができました。

サントムーン柿田川は地元の方に愛されるショッピングセンターですが、本当に最高の場所です。駿河湾が近いし、目の前に柿田川という日本三大清流の一つもあります。この川は富士山の湧き水が流れてきたもので、その湧水が行き着く先が駿河湾なんです。あの豊かな駿河湾という海を保っている一因が、この柿田川というわけですね。

だから、この川は駿河湾の発祥とも言えるものですが、僕らが紹介する幼魚もいわばサカナの発祥です。だから、この場所に幼魚水族館ができることは、自然とも、地理とも、ストーリーともつながる、という思いがあります。

幼魚の飼育は本当にチャレンジばかりです。これは誰も経験していない分野なので、正解がないから。

初めて海ですくった幼魚が何を食べるのか、水温は何度にすればいいのか——その模索から始まるので、「ベテラン飼育員がいればOK」という世界でもない。若いスタッフの皆さんが「これを入れたらサカナが落ち着くんじゃないか」とか、「照明はこの色の方がいいかもしれない」とか、いろいろ柔軟に考え、みんなでチャレンジしていく。そして、その姿をお客さんに全部見せちゃうようにしていきます。「今からこれを試してみます」と言って、皆さんに見守ってもらったり。次に来たとき、サカナがちょっと大きくなっていたら、「ああ、大きくなったね」と言ってもらうこともあるんですが、そうやって見守ってもらえるのが、一番の幼魚水族館らしさかなと思います。

最終的な目標としては幼魚を文化にすることです。ブームではなく、文化として根付かせたい。今はまだ幼魚と言っても、「稚魚と何が違うの?」といった反応ですけど、数年後の目標として、幼魚と言えば誰もがイメージできて、自分の推し幼魚を三つ言えるぐらいにしたい。深海魚だと、あまり詳しくない人でも、「好きな深海魚はリュウグウノツカイ」とか言えるんですよね。そういう世界を作りたいんです。

■鈴木香里武と幼魚の関係

僕と幼魚の関係は、本当に0歳から始まります。0歳の頃から、両親の仕事が休みになると、よく駿河湾に連れて来てもらったのですが、普通の家族であれば海水浴場に行くところを、なぜかうちは漁港に行っていました。漁港にビニールシートをひいて、まだ寝返りもうたない僕を寝かし、両親はタモ網を持ってサカナを捕りに行って、「赤ちゃんが危ないだろう」と漁師さんに怒られるみたいな。そんなところから僕の0歳が始まりました。

だから、最初に手にしたおもちゃもタモ網でした。自分でタモ網を握れるようになったら、すぐ海を覗き込んですくい始めていましたね。

最初は幼魚とか関係なく、何気なく海を覗いていましたけど、たまたまその漁港の足元にいたのが幼魚でした。漁港は堤防で囲われているので、あまり大きなサカナは入ってきません。幼魚たちにとって漁港は、外海が荒れていても静かだし、隠れ家もいっぱいあるし、ゆりかごのような場所になっているんです。それで、自分がいつも触れているのは〈幼魚〉という存在なんだと、徐々に気付いていきました。

知れば知るほど幼魚たちの生活スタイルは面白いんです。僕は〈生きざま〉と呼んでいますが、幼魚の生きざまに惚れるようになりました。しかも、幼魚の情報は調べても出てこない。幼魚の図鑑もほとんどないし、飼育例もあまりないし、分からないことだらけ。そうすると家で育てて観察するしかないんです。「このヒレが（成長と共に）こんなふうに変わった！」といったことに、すごくワクワクしましたね。そうやって段々と小さいサカナに意識が向くようになって、今に至ります。

この幼魚の面白さって、まだ魚に興味のない人にも良い入り口になるんじゃないかと思うんです。「サカナに出会うにはダイビングしないといけないんじゃない？」とか、「沖に釣りに行かないと見られない」とか思っている人も多いと思いますが、漁港の足元を見れば、そこにいますから。ごく身近なところにいるからこそ、幼魚水族館では〈珍しさ〉よりも〈身近さ〉にこだわっています。

それこそが幼魚ならではなんです。

あの小さな体で大海原を生き抜くのは、並大抵のことではありません。そこには十人十色ならぬ十種十色の、進化の過程で磨いてきた生き残る工夫があります。擬態をしたり、透明になってみたり、トゲトゲになってみたり、いろんな方法で何とか生き残ろうとしている。その壮大な進化の物語が、こんなちっちゃい体にギュッと詰め込まれている――そこに僕は惚れているんです。そういう生きざまのたくましさと、健気さとか、カッコよさとか、そういうものを感じてもらいたいなと思って展示をしています。

幼魚水族館を作る直前、東京都内のショッピングセンターで期間限定の幼魚展をやったことがあります。僕は幼魚が大好きだから、絶対に魅力が伝わると信じてはいるのですが、お客さんたちが「このちっちゃな魚は何？　よく分かんない」と言って帰ったら悲しいな……という不安もありました。そうしたら、皆さんが思った以上にすごく真剣に見てくださるんです。それほど広いスペースでもないんですけど、1時間も2時間もずっと見続けてくれる方もいました。「すごく満足した」という声もいただきました。

そのお客さんたちの様子を見ていると、みんな水槽に張りつくようにして魚を見るんです。もう、べたっと。

大きな水族館であれば、ちょっと引いたところから大水槽にサカナがたくさん泳いでいるところを眺めて、「癒されるな」とか「綺麗だな」とか感じていると思うんですけど、幼魚の場合、水槽に近づかないと見えません。そこで強制的に魚との距離が縮まります。それによって、サカナの表情の豊かさや、健気でかわいらしい仕草さが伝わっていったんです。

幼魚水族館をオープンさせて、お客さんの様子を見ていても、やっぱり水槽との距離が近いんですよね。人によっては、ルーペを持ち込んで見たりもしていて、人それぞれの楽しみ方をしてくれています。

幼魚はお客さんとサカナとの距離を近づけてくれるんです。

遠くからサカナを見ると、「ああ、サカナが泳いでいるね」で終わってしまうことがあります。でも、近くで見ると、一匹一匹の表情が見えてきます。幼魚水族館では、そこを伝えられたような気がしていて、やって良かったなと思っています。

あと、人ってどこかに「小さいものが好き」という気持ちがあるように思います。ミニチュアなんかも、やっぱり人を惹きつけるじゃないですか。ちっちゃいサカナが動いているところを見たり、そのサカナと目が合ったりするときのゾクゾク感って、誰しも覚えるものじゃないかな。

■幼魚研究の冒険

幼魚の生きざまを知識として身につけていくのに、最初は実際のサカナを目の前にして観察するしかなかったですね。僕が小学生の頃は、インターネットが今ほどは普及していなかったので、まずは

クラゲウオ

ハナビラウオ

図鑑を見ていました。でも図鑑に載っていないサカナも多くて。そうしたら家の水槽で飼って、どんな行動するのかなって見るしかないんです。あとは海でずっと上から見ているか。

例えば僕の大好きな生きざまで、幼少期はクラゲにくっついている深海魚がいます。クラゲウオやハナビラウオなんですけど。あるとき、漁港を見るとアカクラゲが大量発生していて、よく見ていたら、クラゲの中に白い魚が見えました。そのときは「ああ、捕食されてる！ 助けなきゃ！」と思ったのですが、実はわざと毒のあるクラゲの中に隠れて身を守っていたんですね。

毒のあるクラゲだから自分も刺されてしまうかもしれない、けれども危険を冒してでも身を守る……もう命がけで自分の命を守っているわけです。勇者みたいなサカナだと、すごく感動したし、衝撃的でした。

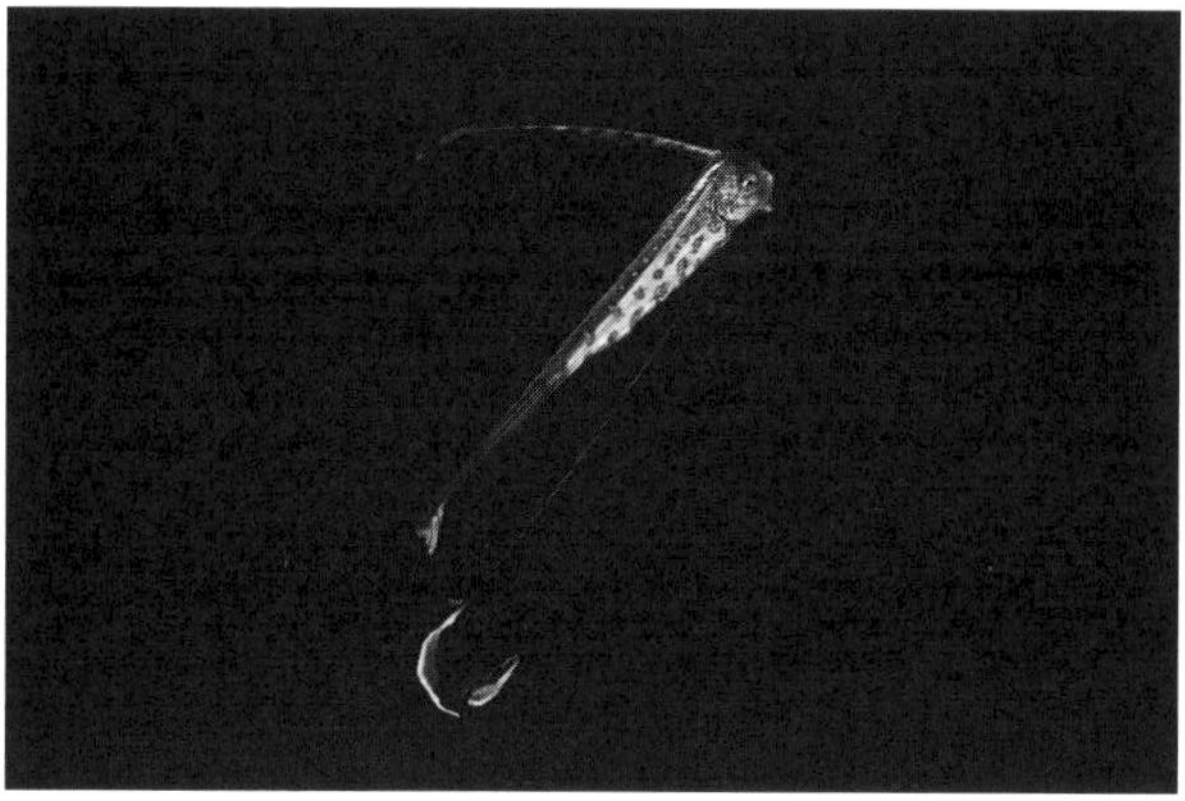

リュウグウノツカイ

こういう経験は、本で読んだ知識と違って、強烈に身につくんです。僕の場合は、そういうことの積み重ねでしたね。

自分の活動をさらに推し進めてくれたのは、リュウグウノツカイの幼魚を捕まえたときでした。リュウグウノツカイは本来深海魚ですが、なんと漁港で採ることができたんです。そこで実は深海魚も、赤ちゃんの頃は浅瀬で暮らしている子がいることを知りました。それには強烈なインパクトがありましたね。

海はやっぱりつながってるんだ。

横にもつながっているけど、縦（深いところ）にもちゃんとつながっている。足元にある海は、実は壮大な海への入り口なんだと。そこから改めて、人にこの魅力を伝えたいと思うようになりました。

リュウグウノツカイの仲間に、背びれから糸を引いている子が見られます。そこにはオレンジ色の点々がついているんです。それも以前は、ただ綺麗だなと思って見ていたんですけど、あるときヨウラククラゲという深海にいる毒性の強いクラゲが漁港に上

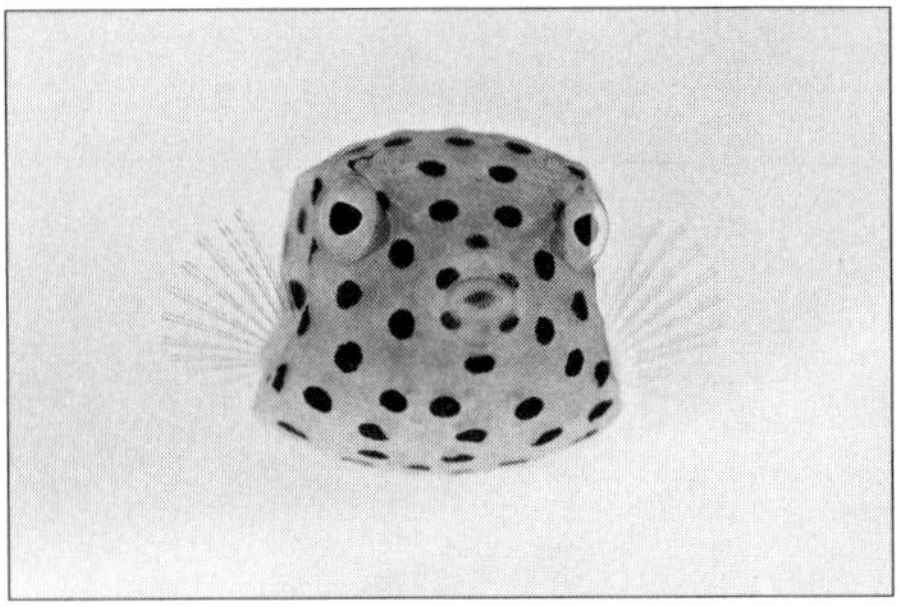

ミナミハコフグ

がってきたのが見えました。その子は透明な体で、触手が伸びていて、その触手にオレンジの点々がついていたんですね。それが、リュウグウノツカイの仲間にそっくりだったんです。

そこでまた「なるほど」と思うわけです。深海魚の赤ちゃんにオレンジの点々が多いのは、ここに理由があるんだと。深海には毒性のクダクラゲ［※何体もの個体がつながって構成される群生のクラゲ］がいっぱいいます。クダクラゲに擬態すれば、毒を恐れて大きなサカナも近づいてこない。そうやって一つ一つの生き物をリアルに見ていくと、点で持っていた知識がつながっていくんですね。そのたびに衝撃を受けますが、これはやっぱり本で勉強するのとわけが違うんです。

ミナミハコフグというサイコロみたいな、黒い斑点模様の子がいて、それもやっぱり僕の大好きな生きざまをしています。黄色い体に全身黒い斑点模様で、もう見た目からして最高なんですけど、この斑点模様にも意味があるんです。

硬い骨格で覆われているので、ちょっと突かれたぐらいではびくともしない強い体をしていますが、ただ一ヶ所、その骨格で守れなかったのが目玉なんです。その目を攻撃されたら致命傷になってしまうので、攻

枯葉に擬態する
ナンヨウツバメウオ

撃を分散させるために、黒目と同じサイズの斑点を全身に纏《まと》ってしまいました。妖怪の百目みたいな見た目ですね。こうなると、どれが本物の目か分からないし、体が箱状だから、どちらが前かも分かりづらい。そうやって本物の目を攻撃されにくくしてるんです。草間彌生さんのようなファッションではなく、ちゃんとそこには生きざまがある。そういう一つ一つのエピソードが大好きです。

枯葉に擬態する幼魚なんかもいますけど、今見れば「枯葉っぽい」と思うものの、どうやって彼らが枯葉に行き着いたのか考えると、壮大なストーリーが考えられるじゃないですか。例えば先祖が浮かんでいる枯葉を見て、「これだ！」と思ったのか、そこからどうやって枯葉に近づいていったかの……本当に壮大すぎて。さらにその枯葉のような幼魚が成長すると、全然枯葉じゃなくなるわけですよ。

成魚だったら体が大きい分、食べられることも比較的少なくなりますけど、ちっちゃい幼魚は頑張らないと生き残れない。だからこそ、さまざまな生きざまが詰まっているんです。

■幼魚水族館と教育

幼魚水族館は、小規模ならではの柔軟な対応ができます。

例えば、子どもたちの体験イベントでは、バックヤードに入ってもらい、「僕が今朝すくってきた幼魚はこれなんだけど、みんなだったら、この幼魚をどの水槽に入れたい？」と聞いてみました。まず館内を観察してもらい、どの水槽だったらこのサカナを入れても大丈夫そうか、自分で考えてもらうんです。すると「この水槽に入れると、他のサカナに突かれちゃうかもしれない」といったことを考えてくれるんです。考えた結果が出たら、自分の担当のサカナを水槽に入れて、様子を見るところまで全部体験してもらいます。そうすると思い出に残るみたいですね。

勉強って、自分なりに考えて、発見することだと思うんです。だからこそ知ることの感動が生まれる。全部最初から教えちゃうと、その場で完結して、すぐ忘れちゃったりします。

環境のお話をするとき、「ゴミがあると、こんなに害があるんだ。みんなでゴミ拾いに行こうね」と言っても、あんまり反応がないんですよね。だけど「ゴミの中に幼魚が隠れてるから、タモ網でゴミをすくうと幼魚を観察できるかもよ」と言うと、急に目が輝くんです。「海にとって悪いことだからゴミを拾いましょう」と言われて、仕方なく拾いに行くのでは、長続きしません。そうじゃなくて、自ら「これだったらやりたい。これは面白いかもしれない」と思えるものであれば、もっと積極的な関わり方ができます。

ですから、幼魚水族館では、実際に港で拾ったゴミを入れた水槽も展示しています。せっかく駿河湾の目の前の水族館ですから、足元の海の環境を知ってもらいたいなと。ただ、どうしてもゴミ問題というのはネガティヴな方向に行きがちなので、幼魚水族館では、「ゴミは悪いもの」とだけ紹介するのではなくて、幼魚たちの隠れ家として紹介するんです。幼魚たちは本当にたくましいので、海にとって良くないはずのゴミさえも身を守るための家として利用してるんですよね。もちろんゴミ自体を肯定するわけではなく、幼魚の生きざまと共に、目の前の海のリアルを知ってもらいたいんです。


幼魚の生きざまで人間社会の悩みを解決しようというイベントもやりました。

人間も現代社会という荒波を乗り越えて生きていますよね。そこで一人一人の悩みを聞いて、それぞれに「そのお悩みは〇〇という幼魚の生きざまが解決してくれます」とオススメしたりするんです。人間の抱えている悩みは、たいてい幼魚が解決してくれる……と、僕は言い張っています。イクメンもいっぱいいいるし、性転換もするからジェンダーレスだし、本当に多様な世界ですから。

幼魚たちは、より生きやすくなるように、一匹一匹が自分で考えて、身を守る術を身につけていきます。例えば深海魚の赤ちゃんも、浅瀬にいるときは銀ぴかの姿で海面のきらめきに紛れていますけど、深海に潜っていくときには、目立たないように赤にカラーチェンジしていくんです。自分が今どのくらいの水深にいるかが分かった上で、自分の色を変えていきます。それが数百万年をかけた進化ではなくて、1年も経たないうちに起こるんです。その適応力には本当に励まされます。人間だって、まだまだいけるなって思うんです。

水族館で教育に取り組むときも、僕は〈先生〉ではなく、〈探求してる人〉です。例えば、アミダコという珍しいタコの展示では、飼育スタッフみんなで毎日観察しています。もう、やることなすこと面白くて、それが全部、既存の飼育記録にないことばっかりで、一つ一つが大発見でした。それを子どもたちにも体験してほしい。

やっぱりワクワクが大事ですよね。身近なところに知らない世界がこんなにもあるんだって、ワクワクするじゃないですか。この便利な情報社会で、なお情報が出てこない存在、それが幼魚たちなんです。

■水族館の究極の楽しみ方

すべては、〈その日の一匹〉に出会えることじゃないかと思います。そういう見方をすれば、前に行った水族館でも、1週間後に行けばまた違う一匹が気になってくるんです。同じ展示でも、行くたびに新しい出会いがあって、新たな発見がある。よく「水族館なんて、どこも一緒じゃないか」とか、「年間パスを買っても、いつも同じじゃん」とか言われることがありますけど、そういうときは「展示が変わらなくても、見方が変われば新しい出会いがあるんだよ」というお話をしてますね。実は一匹ずつ全然違うんだよと。

これは僕の師匠である、さかなクンからの影響でもあるんです。例えば動物園だと、ゴリラの柵にはゴリラしかいないし、キリンのところにはキリンしかいないですよね。だから絶対に〈種〉に意識が行くようになっていますけど、水族館の場合、一つの水槽の中にいろんなサカナが入ってるから、〈類〉で捉えがちだと思うんです。そこにいるのは〈サカナたち〉という、ちょっと漠然とした存在です。でも、そこからもう一歩踏み込んで、〈種〉の違いにまず目を向けてほしい、というのが第一段階。

さらに次の段階として、〈個〉の存在に気付いてほしい。

例えばカクレクマノミがいっぱいいる水槽でも、よく見ると顔つきが違ったり、模様が違ったり、何か変な動きをしてる子がいたり、やっぱり一匹一匹に個性が見られます。その〈個〉にまで目が向くようになったら、本当に水族館が100倍楽しくなります。まだ〈類〉や〈種〉のところで留まっている人たちには、ぜひ〈個〉の世界を覗いてもらいたい。

〈個〉を見分ける方法の一つとしては、正面顔の写真を撮ることをおすすめしています。水槽にいっぱい魚がいても、そこを泳いでいるサカナの写真を撮るのは難しいじゃないですか。その写真をうまく撮るには、しばらく観察しないといけないんです。観察してみると、「1分に一度はここを回ってくるな」とか、その子の行動パターンがだんだん分かってきます。そこで「じゃあ、ここで待ち伏せしてみよう」と考えて、写真を撮る。この作業の中にいろいろな発見があって、大勢いる中でも、この子はこういうルートを通るという〈個〉が見えたり、正面の顔を見たときに、「この子は面白い顔をしている。こっちの子と違う」と気付いたりします。

写真を撮るという行動の中に、いろんな〈個〉を見るためのヒントが散りばめられてると思うんですよね。

以前、さかなクンと一緒に水族館に行って、水槽にクマノミがたくさん入っていたときに、「この子、半年前にもいたよ」と言われたんです。「どうして分かるんですか?」と聞いたら、当たり前のように「クラスメイトの顔って分かるでしょ?」と言われたんですね。この人にはかなわないな、と思った瞬間でした。その域に達するのは難しいと思うので、僕は少しでもそこに近づくための、入り口みたいなことを提案していこうと思っています。

【プロフィール】

すずきかりぶ：1992年3月3日生まれ、うお座。幼少期から魚に親しみ、専門家との交流や様々な体験を通して魚の知識を蓄える。学習院大学大学院で観賞魚の印象や癒し効果を研究した後、現在は北里大学大学院で稚魚の生活史を研究する。荒俣宏氏が立ち上げた海好きコミュニティ「海あそび塾」の塾長を務め、岸壁幼魚採集家として漁港に現れる稚・幼魚の観察を続ける。メディア・イベント出演、執筆、写真・映像資料提供等の活動をする傍ら、水族館の企画等、魚の見せ方に関するプロデュースも行う。2022年7月に幼魚水族館をオープン、館長を務める。著書に『海でギリギリ生き残ったらこうなりました。』（KADOKAWA）、『岸壁採集！漁港で出会える幼魚たち』（ジャムハウス）、『魚たちからの応援図鑑』（主婦の友社）等。（株）カリブ・コラボレーション代表取締役。名前は本名で、名付け親は明石家さんま氏。男物のセーラー服がユニフォーム。twitter：@KaribuSuzuki

幼魚は頑張らないと生き残れない
だからこそ、そのちっちゃい体の中に
さまざまな生きざまが詰まっている

――鈴木香里武

郷土の人

関 慎太郎［びわこベース］

郷土の生きものを知る、ということ

前章の幼魚水族館と同じく、2022年7月にオープンした〈びわこベース〉は、琵琶湖のほとりにある小規模水族館。館長を務める自然写真家、関慎太郎さんのこだわりが詰まった施設であり、淡水生物をはじめとした郷土の生きものたちが数多く展示され、地元の人たちで賑わっている。関さんには、地域に根ざす水族館の意義を主なテーマに、メールインタビューの形で回答していただいた。

写真協力：びわこベース

■淡水魚少年から自然カメラマンへ

(――水棲生物に興味を持つようになったきっかけは)

幼稚園の頃から川に暮らす生きものが大好きで、いつも図鑑を眺めていました。小学校に入ると、夏休みなどは兵庫県の山間部にある祖父母の家で過ごし、朝から晩まで川でサカナつかみやチューブでの川下り、昆虫採集などをしていました。捕まえたものを食べることもありましたが、大部分は持ち帰り、自宅で飼育していました。

中学生や高校生になる頃にはさらにレベルアップ(?)していて、自宅には100本近くの水槽があり、自分で捕まえたサカナたちを主に飼育していました。生きもの関係の専門学校に進み、学生生活を送りながら淡水魚試験場や大阪・海遊館などでアルバイトをして、子どもの頃からの夢であった淡水魚のメッカ、琵琶湖にて仕事をすることを夢見ていました。

(――水棲生物に興味を持つようになり、どのような活動をするようになったか)

専門学校を卒業して滋賀県の南郷水産センターという、「魚と遊べるパラダイス」に就職しました。ただ、琵琶湖博物館の前身であった琵琶湖文化館の水族館で働く夢は捨てていませんでした。

2年ほど働いたとき、博物館ができるので水族館の飼育員を募集していると聞き、いてもたってもいられなくなり、南郷水産センターを退職して、琵琶湖文化館の水族部の飼育を委託されている会社に入社しました。そこからは琵琶湖博物館の立ち上げでサカナを収集したり、学芸員さんから繁殖技術を学んだり、幼少のころからの夢であった日本最大の淡水魚施設で働くことができました。

（――自然・生物の写真撮影に携わるようになったきっかけや、その面白さについて）

5年ほど働いていた頃、たまたま琵琶湖に淡水魚図鑑を作りに来られていたカメラマンの内山りゅうさんと出会い、一緒にフィールドを回るうちに、「サカナを捕るだけでなく撮って見たら」と言われ、「やります。教えてください」と水槽撮影の技術的なことを学びました。

それからしばらくは水槽撮影ばかりしていて、逆にもっと自然の中での生態を撮って、生きものの躍動感や周りの生息環境も取り込んだ撮影もしてみたいと考えていた矢先。同じ県内に自然カメラマンの飯村茂樹さんが住んでいて、一緒に撮影に行ってもいいよとお誘いを受けました。

飯村さんは自然との接し方が非常にうまい方です。撮影されたものを真横で見ることができ、これまでと違った目線で生きものを見られ、とてもいい刺激になり、写真の技術が向上してきました。

そんなとき、オオサンショウウオで本を作る依頼が飛び込んできました。「これまで見たこともない写真を」というリクエストがあったので、泳ぐ姿や闘争する姿などを撮ったところ玄人受けして、写真依頼がたくさん来るようになりました。水族館の飼育員より自然カメラマンを目指そうと、11年務めた琵琶湖博物館の飼育員を退職しました。

フリーになってからは、図鑑を作るために日本各地におもむいたり、幼児雑誌用に生態をしっかり追った撮影をこなしたり、数年があっという間に過ぎ去りました。

びわこベース外観。地元のカフェのようなお洒落な佇まい

（――水族館の仕事に携わるようになった経緯）

自然カメラマンとして活動していた折、京都に水族館ができるのだが、市民から地元の生きものを展示してほしいとの声が強くなり、京都水族館に先に勤めておられた下村実さんよりお声をかけていただきました。もう一度、自分が自然界で見た生きものたちの生き生きとした姿を水槽内で再現したみたいと思い、お話をお引き受けしました。

すでに水槽の外枠は決まっていたので、中身を充実させようと考えました。イングリッシュガーデンのような場所を京都の里山にある棚田に変えたり、京都の希少生物が見られる場所を増設したり、中でもオオサンショウウオには力を入れました。実際の生息環境に施工業者を連れて行ってイメージを共有したり、苔やシダをしっかり根付くような工夫を施したり、動かないオオサンショウウオをいかに動くようにするかを考えたりしました。

「水深を深くすると息を吸うときに動く。そのときに全身が見れるだろう！」と思い実践してみたり、繁殖期に移動するので上流に落差を作ったり、巣穴を設けたり。許可をもらって、展示するオオサンショウウオをすべて自分で捕獲したりと、本当に充実した日々でした。

来館者の反応も良く、意外なブームも作ることができました。

7年ほど後輩の育成や小学校への出前授業などをしていたのですが、ちょっと会社の方向性が変わってしまい、「もういいかな……」と退職しました。

その後、たまたま栃木県の日本両棲類研究所が再建すると聞きました。所長の篠崎尚史さんとお会いし、やりたいことが同じだったので、お手伝いをすることになりました。ここでは日本全国、北は青森県、南は鹿児島県までの各地のイモリを集めた50本がずらっと並んだ水槽を作りました。アカハライモリはお腹の模様に特徴があるので、すべての水槽にお腹の模様が見られる仕組みを作りました。

それと、ここはウーパールーパーを国内で初めて日本に導入した施設ですので、ウーパールーパーの展示に力を入れたり、日本の小型サンショウウオが常時25種以上見られる展示を作ることもできました。ここは今でも月一回メンテナンスに車で通っています。3年目です……(笑)。

地方で小さな施設を作ると、そこに地元の方が集まる場所ができます。地元の生きものも、もっと知ることができます。もっと各地に作りたい。そんな思いが強く湧いてきました。

■びわこベースの意義

（――「びわこベース」の設立経緯は）

海外には、生きものを守る施設がたくさんあります。でも、日本にはほとんどありません。

コロナ禍で動物園・水族館の入場者が減少して、集客のために目玉となる生きものにお金をかけていき、身近な生きものは館から遠ざかるようになってきました。地味だし、それほど集客効果もないし……。それなら自分で地味な日本の生きものを

［上写真］びわこベースに入ると数多くの水槽が立ち並び、地元の人たちにとって身近な生きものたちが展示されている。
［下写真］生きものについて、さまざまな角度から知ることのできる図書スペースも人気の場所。

守れる施設を作るしかないかなと、小さな会社を作りました。

責任感から、まずは拠点作りをしました。人材を育成する場所と水族館も、と欲が出てきたからです。あれこれ考えているとすぐに作りたくなり、まずは自宅の近くでやってみようと思って、今の場所を見つけ出しました。大家さんも良い方で、積極的にお手伝いくださり、手作りの小さな水族館が完成しました。

(――大規模水族館と小規模水族館の違い)

大きい水族館は設置にお金もかかるし、ランニングコストもバカにならない。維持だけで精一杯になると、やろうとしていることができないので、できる限り手作りでアットホームな、それでいて居心地の良い場所――そんな場所を作りたくて。

淡水魚は地味ですが、それぞれの生きものの魅力を小さな水槽で最大限に引き出して主役クラスに持っていけるような、そしてその生きものが新たなヒーローになって行けるような場所にしたいですね。それと、小さい水族館でないと全国展開できないですからね。低コストで人が集える場所それでいて地域に愛される場所。これがうちの売りかな⁉

(――びわこベースが積極的に行っている教育面の取り組み)

〈みんなで水族館〉というのをやっています。これはびわこベースでお客さんを待って普及していくだけではなく、攻めます。

みんなで水族館の設置風景

サイエンスカフェ開催の様子

軽トラックを2台用意してもらい（軽トラックならどこにでもありますよね）、そこにこちらから、空っぽの水槽と水槽台を持って行きます。中身はどうするか？　それは地元の子どもたちと一緒につかむのです。そうすることにより、子どもたちも川の状況や危険な場所があることを学んだり、生きものつかみが上達したりします。クラスで目立たない子の網に限って、大型魚や珍しいサカナが捕れたりします。この経験って今後の人生に大きく影響すると思います。あのときの気持ちがあれば頑張れる、とか……。

捕ったサカナを空っぽの水槽に入れると、即席のその地域オリジナルの水族館が完成します。そこで「地元にはこんな生きものがいて、すごい！　守ろう」って気持ちが初めて湧くような気がします。

話は逸れましたが、それは学生たちについても同じです。

水族館で働きたいけど倍率が……とか言われているのですが、ここはそんな人たちが活躍できる場所でもあります。すでに10名以上の学生等が関わってくれています。年齢層もさまざまで、18歳から60歳を超えている方もいらっしゃいます。そのような方が水槽を掃除することを学んだり、サカナの人工授精を学んだり、接客が得意な方は生きもののお話を来館者に一生懸命されていたり。生きものは苦手だけど、グッズを作ったり販売したりするのが得意な方がいたり、本棚や生物名板を作るデザイナーを志す学生もいます。さまざまな角度からさまざまな方が関わってくれるおかげで、結構人気が出てきました(笑)。

他の水族館と何が違うのかとよく聞かれますが、やはりお客さんとの距離ではないでしょうか。普通の水族館なら、飼育員を見かけることなんてまずありません。でも、ここは常に誰かいるので、分からないことはすぐに聞けます。これが理解度を高めてくれるのではないでしょうか。

カエルが苦手な方でも触って帰られる方もいますよ！

〈サイエンスカフェ〉も月一回開催しています。さまざまな分野の講師を招き、その分野に興味のある方が参加されるのですが、年齢層が幅広い。小学生が一生懸命飽きずに聴いてるなんてすごくないですか！


(――びわこベースに来るお客様)

開館して半年、よく分かったことがあります。さまざまな年齢層やさまざまな地域から、びわこべースにお越しいただいているのですが、やっぱり地元の方が多いです。またリピーターも多いです。リピーターの方の中には、飼育生物の成長を見守ってくださっている方もいます。触れなかったカエルを、回を重ねるごとに手の上まで乗せることができた来館者もいます。来る前に予習をして、質問を持ってきてくれる方も多いです。地域の方が自慢の場所として、他の地方の方を連れてきてくださることもあります。

なんかうれしいですね。

(――びわこベースの生きものたち)

当初、琵琶湖の生きものだけで展示室を埋めようとしましたが、琵琶湖博物館がありますし、琵琶湖だけとなると大きな水槽も必要になってきたりします。

やはり種類数を確保できるのは、小さい水槽がずらりと並ぶ小さい水族館だからこそできるものです。また、ここがハブとなって日本各地の希少生物の保全の一手となりたいので、自分たちで日本各地におもむき、採集したものを展示しています。

日本と他の地域との関係性も知ってもらいたいので、周辺国の温帯域のサカナも少しいますが、私の得意分野のカエルやサンショウウオも充実しています。さまざまな種を見てもらうことによって、日本の自然の多様性や魅力を知ってもらいたい。また琵琶湖という日本最大の湖には固有種も多く、淡水生物好きのメッカですから、不思議に人が集まりますよね!

この話に紐付くのですが、ここは生きものが生息環境を追われたときの救世主ともなりたいと設立

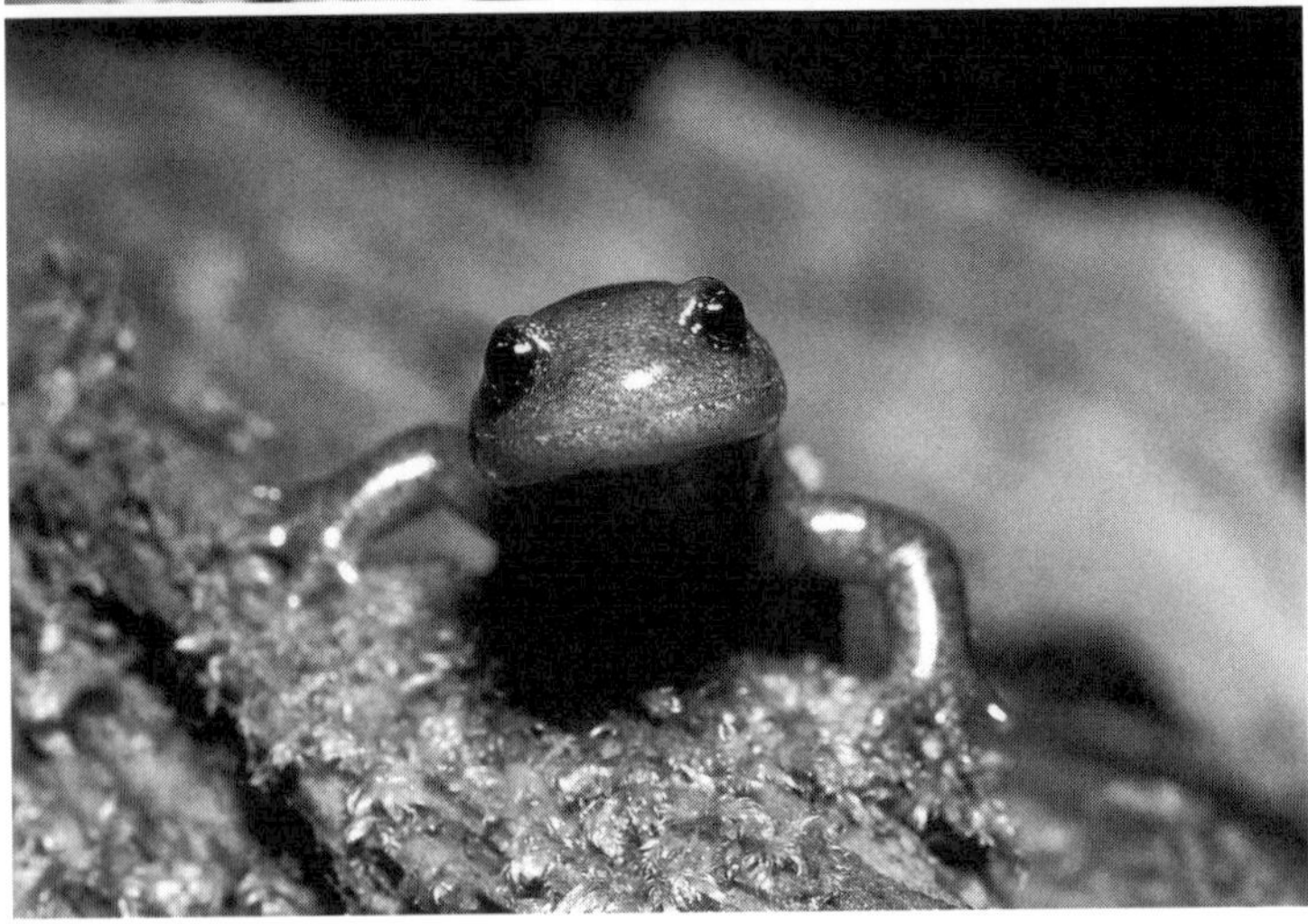

琵琶湖に生息するタナゴの仲間、カネヒラ（上写真）と、希少種のヤマトサンショウウオ（下写真）

時に考えていました。それが〈生息域外保全〉という言葉です。

生きものが暮らす環境に手を加える場合、生息域内で保全するのは当然のことです。いくら開発するからと言っても、希少種などが暮らすのであれば、その生きものたちを守る手段を施工業者は考えなくてはいけません。開発工区の一部の自然を残しそこに開発前の生態系を維持した場所をつくるのが普通です。これと並行して行うことが、行き場を失った希少種等を一時的に預かり、工事終了後に新たに増設したビオトープなどに戻すことを〈生息域外保全〉と言います。

例えばびわこベースではサンショウウオの幼生を育てたり、繁殖させたりもしています。もちろん並行して生息域内保全にも力を貸しています。産卵場所を少し広げたり、森をより住みやすくしたり、サンショウウオにマイクロチップを打ち、行動を観察したり、びわこベースではさまざまな方に関わっていただきながら進めています。

普段できない経験ですから、みんな目がイキイキしています！

さまざまな角度から生きものに興味を持っていただき、それを体験する。さらに、それらを継承する役割の場として、今後も活動していきたいと思います。今は琵琶湖だけですが、全国各地に、その地その地の生きものを守れるベースを作っていけたら良いな、というのが今後の目標です。

【プロフィール】

せきしんたろう：1972年兵庫県神戸市生まれ。ネイチャーフォトグラファー。淡水生物に興味を持ち、その生態を分かりやすく見易く写真で表現する。両生類・爬虫類・淡水性、汽水性の甲殻類・淡水魚類や水田に関わる生物とその周辺環境を撮影することをライフワークとし、図鑑や写真絵本などで精力的に発表している。これまでの著書は70冊を超える。日本で最も多くの淡水生物を実見した一人。2022年に、ちいさな水族館「びわこベース」を設立したほか、日本両棲類研究所・展示飼育部長も務める。株式会社フロッグベース代表取締役。

全国各地に、
その地その地の生きものを守れる
ベースを作っていけたら良いな

――関慎太郎

第二部

水族館を「つくる」

建築の人　篠﨑　淳

［株式会社日本設計］

水族館の建築――アクアマリンふくしまの場合

インパクトのある大きなガラス屋根に覆われた水族館、アクアマリンふくしまは、国際的なコンペティションが行われた結果、日本設計が建築を手掛けることとなった。その設計を務めたのが、同社の建築家である篠﨑淳さんだ。篠﨑さんは、アクアマリンふくしまの他にも、さまざまな水族館に携わり、日本の水族館建築を牽引してきた存在。本章では、篠﨑さんが水族館を手掛けるようになったきっかけとも言える、アクアマリンふくしまを主な題材に、水族館設計のストーリーを語っていただいた。

■〈アクアマリンふくしま〉ができるまで

アクアマリンふくしまは、日本設計が手がけた最初の水族館建築です。

発注者でいらっしゃる福島県が、新しい水族館を建築するにあたって国際コンペを企画され、私たちにも声をかけていただきました。その頃、私たちに水族館の実績はありませんでしたが、海遊館を手がけたケンブリッジ・セブン・アソシエイツや、沖縄国際海洋博水族館を手がけた槇文彦さんなどがコンペに参加されていました。

私たちは、完全に挑戦者の立場です。

コンペに参加するにあたり、既存の大型水族館はほとんど見に行きました。また水族館の半分ぐらいは魚の水質環境をつくるため、ろ過設備や飼育設備で占められてますから、専門家の皆さんから何ヶ月もヒアリングを行い、勉強していましたね。

日本設計についてのお話をさせていただくと、80年代の時点で現代のような環境思想を打ち出していて、あの時代の中ではかなり先進的な考え方を持っていました。そういった会社が水族館というものを手がけるからには、今まで通りで終わらせるわけがない。ですから「環境との共生をメッセージとする施設として、水族館なるものを根本から考え直すんだ」という姿勢で臨みました。

私たちの案で特に評価されたのは、「山から海までの自然を丸ごと水族館の中に入れる」という発想です。一方で、懸念事項となったのが、天井をすべてガラスにして、自然光を取り入れるという点で、これは当時、極めて稀な考え方でしたので、そういったことが技術的にできるのか、というご指摘をいただきました。それを解決することを前提として、最終的にはコンペで一等賞をいただくことができました。

実際の提案手順をもう少し詳しく説明すると、まず大きなテーマを設けました。

水族館において生きものを綺麗に見ていただくのはとても大事なことですが、それと同時に展示している生きものの向こう側——外に広がる大海原や、地球そのものに向けて意識を広げたいと考えました。そうなると、建物自体が閉鎖的であったり、カチカチの箱みたいな格好をしていたりすると、外に広がる印象につながりませんよね。ですから、お客様が来たとき最初に山の世界を見て、段々と暗くなって水の中の世界に入っていく、といった風景の変化を考えました。

そこで最初にやることとして、大きく二つのストーリー作りがあります。

一つは映画のように、「どういうシーンをどういう順番で見ていただくか」という館内のストーリーを、沢山の展示テーマからイメージを膨らませ、絵コンテにすることです。

アクアマリンふくしまの場合、最初に出会うのが遥か太古の昔を表現した空間（海生命の進化）としました。その後、暗いエスカレーターで最上階へ移ると、「あれ、なんでこんなところに森があるんだろう」というような場所に出ます。これはタイムスリップのような体験を意識したところです。そ

アクアマリンふくしまの外観（撮影：有賀りうむ）

して階下に進んでいくに従って、段々と水の中に潜っていく感じになり、後半で水中世界に到達する――そういった絵コンテを最初に描いて、それを館全体の中に埋め込んでいく、という作り方をしているんですね。

もう一つは外観のストーリーです。本館の屋根がすごく大きなカーブを描くガラスになっていて、全体を見ると船のようなにも、鯨のようにも見える格好になっていると思いますが、あれはまたちょっと違う考え方から来ています。

アクアマリンふくしまのある場所は、実は大きな客船が寄港する埠頭なんですね。なので、館の近くに船が停泊していたりするんです。そうすると、あたかもこの本館が、どこかの海に出て行くかのような風景に見えてくるんです。そういう形・大きさであったとすると、面白いんじゃないかと。また、ガラスは外の世界を感じられる透明感があるだけでなく、水面の様に、日の当たり方でどんどん表情がかわる。昼から夜になるに連れて、空間が変わっていくような見え方をするといいんじゃないか、そういう考えがあって、あの非常に大きなガラスのシェルターの発想が生まれました。

あの大きな曲面のガラス屋根は、あまり他にやっている方がいらっしゃらないですが、私は新宿御苑の大温室なども設計しているように、こういったガラス系の形つくりは非常に得意なんですね。

ちなみに、私が手がけた上越市立水族博物館 うみがたりで言うと、あそこは学校や住宅街の中にあるので、外観は美術館にも思える綺麗な箱形をしてます。そして中に入って一番上のフロアに上がると、大水槽の水面と一体で日本海の素晴らしい景色が見えてきます。実はこの景色は、町の中にいると意外と綺麗に見える場所が少ないんですね。

今まであまり意識していなかった日本海が目の前に広がり、「こんなにいい海なんだ」と感じていただいてから、徐々に水の中に入って、日本海を巡っていく。そういったシーンをつくっています。外観のストーリー性と館内のストーリー性の両方を考え、形にしていく。それが私たちの水族館の作り方なんです。

■水族館に自然をつくる

アクアマリンふくしまでは、私たちが培ってきた建物の緑化技術を使っています。

福岡県にアクロス福岡という施設がありますが、そこでは日本最大級の屋上緑化をやりました。またかねてから日本設計は温室設計も手がけていました。アクアマリンふくしまは、その屋上緑化の技術と、温室設計の技術を発展させ融合したものと思ってください。

この技術を応用すれば、先ほどのコンペティションでも、他の人たちにつくれない案ができるだろうと、提案に盛り込みました。

緑化技術でまず大事なのは土壌です。土は保水しないといけない一方で、根腐れしないようにうまいこと水が抜けていかないといけません。まず、そのバランスが良い土を選ぶところから入ります。それから土の厚み。背の高い木は厚い土壌が必要ではありますが、あまり厚いと、今度はどんどん大きな木に育ってしまうので、室内育成に適しません。ですから、ここでは植える植物に合わせて土の暑さもバランスをとっています。

もう一つ、アクアマリンふくしまの木は1種類ではなく、非常に多様な木を植えているんですね。これは混植というやり方で、福島の自然の生態系を再現したもので、植物が郡となることでみんなで守り合い、生態としてより強くなっていきます。

木を植えるにあたり、福島の山の再現であるということから、私たちも実際に現地の山を登って、「この木がいい、この風景もいい」と言いながらイメージを膨らませました。実際の山には、表土に非常に多くの微生物や昆虫がいるので、その表土を山から少しいただいて、つかわせていただいたと聞いています。ですから、山の環境を、そのまま移してきたことになります。

それから水について。水は取水から始まります。「どこから水を持ってくるか、その選び方をどうするか」から入るわけです。アクアマリンふくしまでは、岬のずっと先まで水を取りに行っていますね。建物の中について言うと、水族館の設計においては、配管をいかにお客様から見えないところに通し、大量の水を行き来させるかが、非常に重要なポイントになってきます。何百メートルとある配管が、3次元の迷路のように複雑に走っています。これが複雑になりすぎると水質の悪化にもつながってしまうので、いかに最短距離で効率良く配管させるかを考えないといけません。非常に複雑なパズルをいかに解くか、という感じですね。

建物の中に自然をつくることについて、土と水のお話をしましたが、他に風や光も大事なポイントですね。

■潮目の海、アクアマリンえっぐ

館内にある〈潮目の海〉という大水槽は、館の方が作ってくれたテーマです。親潮と黒潮は温度も全然違うし、魚の動く速さも一方がゆったりで、もう一方がすごく速く回遊していたりします。それぞれの潮で全然様子が違うんです。ですから、ここに作った三角形のトンネルによって、両方をいっぺんに見せたいという気持ちは強くありました。両側から水の塊がワッと押し寄せる感じです。

ひょっとしたら、こういった三角形のトンネルを作るのは、世界初かもしれません。見かけないのには理由があって、詳しく解説すると長くなるのですが、実は構造的に作るのがすごく難しいんです。

〈潮目の海〉の大水槽に設けられた特徴的な三角形のトンネル（撮影：浦上宥海）

とても厄介なものですから、他に作ろうと思う人がいないんじゃないかなと思っています。

もう一点、とても大事なことですが、曲面になったトンネルにするとレンズ効果によってサカナの大きさが変化するんですよね。ですから、アクアマリンふくしまでは、徹底して水槽に曲面をつくらないようにしました。やはり正確な大きさで、歪まないようにサカナを見えるようにしたい、と言いますか。ですから、構造的には一番難しいものの、あえてチャレンジしたのがこのトンネルでした。

外にある蛇の目ビーチですが、これは開館当初からあったわけではありません。もともと今の河童の里の場所に我々が水盤を作っていたんですが、そこに館の方がたくさん植物を入れて、ビオトープのような格好にしました。それをどんどん増やしていって、ビーチもつくったところ、子どもたちが非常に喜んでいるということでした。こうしてエリアがどんどん延びて、たくさんの人が来るようになったところで建物を増築することになり、また私たちに声をかけていただきました。

そのようにして、２００６年に〈かっぱの里〉、２００７年に〈蛇のビーチ〉ができた後、〈子ども体験館アクアマリンえっぐ〉をつくりました。

本館とまったく違う空間作りをするということだったので、「水盤の中に浮かんだ小屋みたいなものがいいんじゃないですか」というお話をしました。ここは建物の半分が実は外なんですよね。普通、建物にわざわざ屋根をかけて、（壁を作らず）外にするってどういうこっちゃってことになります。ですが、外と室内を完全に隔てるのではなくて、〈半分ぐらい外〉みたいにすることで、子どもたちが自由に、違和感なく行ったり来たりできることを考えました。例えば夏場なんかは、暑いところから空調の効いた室内に入ると、もう一度外に出たりしなくなっちゃうんで。

あと、この建物は正面から見ると平行四辺形のような形をしてますよね。この下側の尖っているところには、「子どもがちょっと隠れる場所」という設計意図があります。そうしたら、館の方が原寸大の模型を作ってくれて、「これだったら子どもが入れるよね」とか言って作り込みました。傾いていたり隙間があったりすると、子どもたちって勝手に気になってくれますから、「普通に四角い建物より、そういう方がいいんじゃないですか」と言って出来上がったのが、この形ですね。

蛇の目ビーチ単体もすごいですけど、あの水族館の皆さんと一緒にやらせていただいて本当にすごいなと思うのは、自然界にあるいろいろな体験の種類をどんどん増やしていこうとしているところで

蛇の目ビーチ
（撮影：浦上宥海）

す。私たちの仕事としては、本館は〈見る〉という意味で非常に完成度の高いものと言われました。その完成度の高いものに対して「子どもたちが直に触れられる場所を足していこうよ」と。館の中にタッチプールはあったんですけど、その機能をもっと拡張しようよと。それがどんどん大きくなって、子どもたちがいっぱい遊び始めたら、「じゃあ、ここに泳いでる魚を釣って食べる体験を作ろう」とか、広がっていったんです。

■水族館設計のこだわり

水族館の設計をやっていて本当に魅力的だと思うのが、現代では珍しいことに、人に感動を与えたり、ワクワクさせるための建築物というところですね。今の世の中のほとんどのものは、「こういうものが必要」とか、「雨風を効率的に防いで快適に暮らせる」とかいった、機能的な面がアピールされます。でも水族館は、生物を飼育する機能が第一ですが、〈人に感動を与える〉ことも本当に大切な役割です。現代って、そういうものがすごく少ないじゃないですか。

水族館は、今となっては貴重な〈感動を与える空間〉であるという点が、とても大きな魅力であると思います。

そういう中で、私が水族館設計で大切にしているのは、感動の先に、「ああ、この地球っていいな」という感情に結び付けることです。それぞれの水槽の中で生きものが生き生きと動いている。「なんか可愛いな」「面白いな」と思った先に、この生きものたちが住んでいる〈環境〉についても、「面白いな」「大事にしなきゃいけないな」と思ってもらいたいですね。

さらにその先を見ると、海全体ってすごく複雑なメカニズムで動いてますよね。見える部分だけではなく、深海もあれば、千年もかかって水が入れ替わったりもする。そういうもっと大きな仕組みの中で、目の前にいる「可愛い」と思う生きものがいる――そういう感動を持ちながら、最終的には、地球の素晴らしさにつなげていきたいと思っています。

感動を出発点にしながら、地球全体へ世界を広げていく。水族館の設計をするときは、毎回そう考えながらやっています。その感動のためには館の風景が極上に美しくないといけません。そのために光の入れ方を工夫したり、山に登って本物の自然を学んだりするんです。

アクアマリンふくしまのお話を主にしてきましたが、上越市立水族博物館はまったく違う光の入れ方になっていて、アクアマリンが全体でドーンと光が入っているのに対して、上越はもっと雲の間から差すような光、スポットライト的な光を入れていて綺麗なんですよ。やっぱり見せる生きものによって、光の入れ方を一個ずつこだわっていくみたいなことをやりたいと思っていますからね。あそこはイワシだったら、たぶん世界で一番綺麗なんじゃないでしょうか……とか言うと他の人に怒られるかな。

最後に一点だけ加えさせていただくと、「自然界は素晴らしい。じゃあ、（水族館ではなく）自然界に行けばいいじゃないか」という考え方もありますよね。そういうとき、私はよく日本庭園を例に出すんですけど、日本の庭というのは、いろんな風景を凝縮してミニチュアのようになっています。盆栽なんかもそうですけど、凝縮して小さくするからこそ、背景にある大きな自然が見えてくる。それはすごく日本的な表現としてあると思うんですね。

わざと単純化したり、凝縮したり、小さくしたりして広い世界を見せるんです

水族館はそれと同じなんじゃないかなと思っています。私は海に潜ったりもしたんですが、そこで得られる種類の感動と水族館の感動って、また違うと思っています。凝縮された、庭園的な手法だからこそ広がる世界観を、これからも大切にしていきたいですね。

【プロフィール】
しのざきじゅん：1988年早稲田大学大学院理工学研究科修士課程修了。同年4月に日本設計に入社し、以来大規模複合開発、環境学習施設、インテリアなど、スケールとジャンルを超えた空間デザインを実践。アクアマリンふくしま、上越市立水族博物館うみがたり、加茂水族館、しながわ水族館アザラシ館、といった水族館のほか、虎ノ門ヒルズ森タワー、長岡造形大学、新宿御苑大温室などを手掛ける。

生き生きと動く生きものたち
その姿を見る感動を出発点にしながら
地球全体の素晴らしさへ世界を広げていく
水族館の設計で毎回考えていることです

——篠﨑淳

手配の人

石垣幸二

世界中の海から生きものを連れてくる〈海の手配師〉とは？

２０１０年代に巻き起こった深海魚ブーム。それは、出会うことが困難な生きものたちを水族館などで見られるようにした、捕獲・搬送・飼育のスペシャリスト、石垣幸二さんの活躍が見過ごせない。深海魚に限らず、サカナを求められれば世界中を駆け回る石垣さんは〈海の手配師〉という名前でもよく知られている。ここでは日本で唯一とも言える、海の生き物を手配する仕事の様子、携わった経緯、そして世界の生き物捕獲のいゝいリアルを語っていただいた。

写真協力：ブルーコーナージャパン

■〈海の手配師〉の仕事

昔、テレビに出演したとき、〈海の手配師〉という名前をつけていただき、以来その肩書きを使わせてもらっています。手配師の仕事というのは、簡単に言うと、水族館やペットショップなどから生きもののリクエストが来ると、その生きものを世界中探して連れてくる、という感じでしょうか。

生きもののリクエストがあったら、オス・メスとかサイズとか納期とか、いろんな条件を確認したうえ、金額や納期について相談します。お話がまとまると、どこに行ったら採れるのか探して、自分で現地に行って、船に乗って、潜って、手で採って、それを納入すると。リクエストに応じて、相手の目的に合わせて、生体を納入する、という仕事ですね。

もう少し具体的にお話すると、仕事の手順としては――いろんなパターンがありますが――基本的にはまず各国に私みたいな仕事をしている、長い付き合いの人がいて、その人を介して情報収集します。そのネットワークから、研究所や大学の専門機関につないでもらい、捕まりそうな場所を突き止めます。そして、その場所でサカナを採るためのプロとつながって、目的のサカナを捕まえるんです。もちろん、採ったサカナをいい状態で届けないといけませんから、輸送の手配も大事な仕事です。たいてい水族館から人が来ることはありませんから、最終的には私も現地に向かいますね。

例えばダイオウグソクムシを捕まえたときの仕事――あれを最初に日本に持ち込んだのは私なん

です。あのときは、テレビ番組から「猫より大きいダンゴムシが深海にいるのは本当ですか？　これを何とか手配できますか」といったオーダーをもらいました。そのとき、私もダイオウグソクムシを知りませんでしたから、「なるほど、面白い生きものがいるもんだ」と思いましたね。

まず学名を調べて、生息地域を探しました。学名が分かれば、おおよその地域も分かるので。そこで「ああ、メキシコのカリブ海の方か」と検討がついたので、展示している水族館を探してみましたが、どこにもない。「どうすればいいんだろう……」となりましたが、そこで懇意にしているボストンのニューイングランド水族館の人に「どこかの大学で研究してないかな」と連絡してみたところ、「水族館には展示してないね。ちょっと待って」と言われて、ダイオウグソクムシの生態を研究している大学があることが分かりました。論文も送られてきて、ユカタン半島先の深海で捕獲されているというデータもあったので、「これを追っていけば採れるね」という話になりました。

そこで同業の先輩である、フォレスト・ヤングに連絡して、その場所に採りに行けるか聞いてみたところ、いろいろ調べてくれて、やっと採れることが分かったんです。そのとき「コウジ、ここは暑い場所だけど、この生き物は冷たい海の中にいる。船に上げるとすぐに死ぬぞ」と言われたので、冷凍機を船に積んでいくことにしました。結局、日本まで輸入するのに600万円の出費です。もともとのオーダーの支払いが120万円でしたから、なんと480万円の赤字。「やばい」と思いましたね。でも、やってみたんです。誰も突破してないことだったから、成功したら自分が一番になれる。じゃあ、やってみようと思って。

世界各地で地元の人と協力しながら、生きものを捕獲していく

首を突っ込んだら、後に引けないんですよね。

そのとき、ダイオウグソクムシは無事にテレビ番組で紹介されて、それから意外に水族館でヒットしたので、その後もいろいろなところからオーダーをいただきました。最初のリサーチのときに投資をしているので、それからは軌道に乗りましたね。

「Aというサカナのオーダーがあって、現地に行って、Aが採れて、Aを納める」、これがもちろんベストなんです。でも、調査場所に行ってみたら、Aがいなくて、現地の子どもたちが全然違うBというサカナを持っていた、ということもあります。これもまた面白いんですよ。

ある仕事でバリ島近くの離島に行ったとき、目の前で子どもがカニを紐で結んで散歩してたんです。「これどうしたの?」と聞くと、「捕った」って。「たくさんいるの?」と確認してみたら、どうもそうらしくて。でも、自分でやって採ろうとしても全然ダメだったので、「友達を呼んでくれ」と言って、4、5人で採ってもらったら、すぐ100匹以上集まりました。全部買いましたね。それまで全然見つからないカニだったのに、子どもが犬の散歩みたいにして連れているから、びっくりですよ。そういう副産物のようなものも、すごく面白くて。

少なくとも日本で、同じような仕事をやってる人には会ったことがありません。まあ、これを仕事にするのは簡単じゃないですから。

■手配師に至るまでの道のり

25歳の頃までは会社員をやっていました。景気の良い時期の小売業だったので、そのまま続けても良かったのですが、モノづくり何十年という専門家たちと顔を合わせていくうちに、「このまま役職が上がっても、結局自分では何も生み出せない」という思いに駆られ、「お前の本当にやりたいことは何だ」と自分のことを問い詰めたときがあって。

そのときに、自分も一つのものを突き詰める専門家になりたいと考えました。そこで、頭の中が子どもの頃にすっと戻ったんです。10歳ぐらいから毎日海に潜って、食べるものを捕って売ったり、食べられないサカナは「自分の水族館だ」と言って飼ってみたり。毎日がそんな感じだったのを思い出しました。学生のときに海外を回ってダイビングをしていたこともありましたし、「やっぱり海を追求しよう！　海に関係する仕事をしよう」と。

海は飽きることがないんです。

そこで、家族を支えながら海に関わる仕事を探していたところ、潜水士募集のチラシを見つけました。募集要項の中に、船の運転や英語ができる人ともあったので、これは自分で間違いないなと思って、そのまま入社です。

実はその仕事は、水族館の大水槽に潜って清掃する人のマネージメントだったんですけど、入社1週間前に話自体がご破算になってしまい、入社したときには「お前、何するんだ」という状態（笑）。その後、たまたまインドネシアでサンゴを取り扱う仕事の話が来て、ちょっと怪しいなと思いつつ、「よく海外に行ってて、英語もできるんだよな。やってみるか」と言われたので、「大丈夫です」と言って出発しました。でも、インドネシアに行ったら、やっぱり全部ウソのお話で。

その帰りがけなんですけど、経由したシンガポールで現地の水族館に寄り、そこの館長に営業して、大きな仕事を取ってきました。それで会社の中でも信頼してもらえるようになったので、仕事を任せてもらえるようになり、ペットショップへの卸しを始めました。そこでもかなり利益を上げたのですが、新しいチャレンジをどんどんしていく私は会社にとっては難しかったのかな……よく説教されました。

最終的には、「じゃあ自分でやろう」と思い、2000年3月に、今代表を務めているブルーコーナーという会社を始めました。

自宅の十畳一間に水槽2本を並べてのスタートです。最初は熱帯魚屋さんでしたが、やはり経営的に厳しい状況ではありました。でも、家族がいたから何とかしないといけない。

そこで博物館や水族館に直接行き、商売というよりは、「すいません、サカナのことを教えてください」と言ってお話を聞くようにしました。でも、やっぱり相手にされなくて。まあ、そうでしょうね。ちょっとサカナが好きな奴が来たぞ、みたいな感じじゃないですか。

そこは、営業の仕事をずっとやっていましたから、この人の役に立つようになれば、いろいろ教えてくれるんじゃないかと思って、「何か困ってることないですか」と話をしていたんです。そこで「来週、スリランカに行きますけど……」という話をしたら、「じゃあ、何でもいいから拾ってきてよ」と言われたので、1個3千円ということで生きものを探してきました。

正直、まったく利益にならないのですが、まずはお付き合いを始めたいと思っていたので、やってみたんです。実際に生きものを持って行くと喜んでもらえて、段々と距離が近づき、サカナの研究のことも教えてくれるようになりました。それがもう楽しくて。

自分みたいなことをやっている人もいなかったので、そういった先生たちのネットワークを紹介してもらえて、人のつながりが広がっていきました。「面白いやつがいるよ」みたいな感じですね。

その後、アメリカの水族館からオーダーをいただくことがありました。

リーフィーシードラゴンという特殊で高額なサカナを扱ったのですが、それが納品後に全部死んでしまったんです。本当は補償の範囲外のことでしたが、意を決して全額補償しました。サカナを右から左へ流すような仕事はしない、という気持ちが残っていましたから。結果的に、「そんな高い魚を、約束の範囲を超えて補償した業者がいる」という噂が動物園水族館協会の中で広がり、それが信頼に

フォレスト・ヤング（左）
と石垣幸二

つながって、アメリカ中の水族館から声がかかるようになりました。そのうち、日本の水族館からも声がかかるようになりましたね。本当に会社が潰れる寸前でしたが、なんとか借金を返していくことができました。

■世界水族館会議での出来事

フォレスト・ヤングという手配師のパイオニアがいます。

私がモナコの世界水族館会議に出たとき、フォレストが自分のところでしか採れないサメについて話をしていました。その発表を聞いていると、彼が納品したサメは全部死んでいるんです。成功例が一度もない。1ヶ月以上生きた例もなかった。

そのとき「この人はどうしてこんな話をするんだろう」と思ったんですよね。だって、そこには450人ほどの水族館関係者が出席していましたが、言ってみればフォレストにとってはみんなお客さんです。お客さんにそんなリスクの高い話をしたら、誰も買わないですよね。

講演の後、最後まで残って、誰もいなくなってからフォレストに声をかけました。「発表は素晴らしかったと思うんだけど、なんでこういう場所で、ああいう話をしたんですか」と直接聞いたんです。

彼は「お前は何年この仕事をするつもりだ」と言って去っていきました。本当にショックでしたね。フォレストの言葉が、何も見えていない自分を見透かしているように思えました。その理由を考えたのですが、そのとき自分はサカナのことを右から左に流す〈商品〉だと思っていたんです。でもフォレストはね、キーウェストにずっといて、そこでしか採れないボンネットヘッドシャークのことを、おそらく子どもの頃からずっと見ていて、物凄い愛情を持っているんです。そのサメを世界中の水族館に納品して、繁殖にまでつなげる。それが彼の目標であり、ゴールだったんです。

そのためにも、水族館のことはお客さんではなくパートナーという捉え方をして、だからこそすべての情報をオープンにしていた。パートナーと共にいろんな知見を集め、より長く飼育していく方法を作り上げようとしていたんです。「あ、この人プロだな。これは俺が目指している姿だ」と思いました。「よし、俺はフォレストになるぞ」と。

水族館会議の後、日本に帰ってきて、「世界一のサプライヤーになる」という言葉を掲げました。これは「世界一信頼される」という意味です。その言葉は文字にして、今でも本社の私の席の後ろに貼ってあります。文字にすることで、そこからブレないように、常にそこに立ち返るようにしてきました。そうすることで、一緒にやってくれるスタッフさんも、同じところを目指せると思うんです。

そこはとにかく、まっすぐにやるしかない。

■生きもの探しのリアル

現地での生きもの探しは本当に大変です。皆さん、ダイビングしてサカナを採るとき、普通にタンクを背負って潜ると思ってますよね。そういった機材があると殺されて売られてしまうので、持って行きません。ホース一本を口にくわえ、その辺にある石を紐で体に結んで潜るんです。紐が絡んで死にそうになったこともありました。もういつもギリギリです。

デンマークでアニマルカンファレンスがあったとき、サカナを採るときに用いられる青酸カリが、東南アジアのサンゴ礁に影響を及ぼしていないか、現状を知りたいということで私が呼ばれました。その現場を目撃しているのは私だけでしたから。

東南アジアで、サカナの採集のために子どもたちが青酸カリを使っていました。ママレモンにピンポン玉くらいの青酸カリを入れて、サンゴに振りかけると、そこに隠れているサカナたちが薬にやられて、ふわっと浮いてくるんです。それを採ればいいので、まあ効率はいいわけです。

ただ、そこでサカナを採ってもらう小学校から高校生くらいの子たちが、20歳くらいになって子どもを持ったとき、奇形の子が生まれてきました。完全に人体に影響が出てるんです。私も実際に潜ってそれを使ってみたんですけど、かなり吐きましたね。

ヨーロッパの人たちは、そのことをまったく知らなかった。私も「申し訳ないけど、サンゴ礁への影響については分からない。いいとは思わないけど、調べていない」と言った上で、サンゴ礁を語る前に、水族館の人たちは、その子どもたちが採ったサカナを使っている、というリアルなところを知っておくべき……という話をしました。「まずは一度現地に行きましょう。それから我々がどうしたらいいか考えよう」と。

対策をしようと思い、青酸カリの代わりとしてキナルジンという麻酔薬を持って行ったことがあります。ちょっと高価なんですけど、それを使えば同じような効果が得られるはずだし、とにかく子どもたちに青酸カリをやめさせたかったから。

その薬を子どもたちに渡した夜、ホテルの戸を叩く音が聞こえるんです。そこに知らない人が来ていて、「いい薬があるぞ。買わないか」と言われました。私が渡した薬が、もう転売されてるんですよね。全部そんな調子なので、堂々巡りです。簡単に解決できる問題じゃない。それで今度は、ピンポン玉サイズの青酸カリを粉状にして100分の1くらいの量で試してみました。そうしたら同じように使えたんですよ。

そこで、「100分の1だけ使えばいいんだから、君たちの得になるよ」と教えたんです。「1個だけ買って、みんなで分けろ」って。要するに得か損かの問題なんですよ。それを踏まえれば、解決の糸口が見えてくる。私としては、少しでも人体への薬の影響を減らしたかったので、使う量を制限したんです。それで解決ではないですが、人体への負担は相当軽くなったと思います。

そういう現実がありました。
今は薬物の取り締まりが厳しくなったので、もう使用禁止になっていますが、彼らと一緒に潜って仕事をする中で、命を落としている人も結構います。一緒に水族館の仕事をしているのに、あの子どもたちを犠牲にして成り立っている状況が果たして幸せなのかという疑問は、すごくありました。

■裏方の存在

先ほど話したフォレスト・ヤングは、「水族館はカスタマーじゃない。パートナーだ」と、会うたびに教えてくれました。その通りだなと思います。そういう思いがあるので、生きものの研究をしてる人たちが裏方のような存在で意外に日の目を浴びていない現状は、もったいないなと思います。その人が築いてきた技術や研究には素晴らしいものがあるんですが……。私が経営しているブルーコーナーだって、いわばただの業者です。ですが、一緒にチームとして仕事をしている、という気持ちは持っています。

2017年、ボストンのニューイングランド水族館で、アメリカ動物園水族館会議がありました。そのとき館内でパーティーが行われたのですが、最後にぱっと電気が暗くなって、大きなスクリーンにフォレストの生い立ちを追ったフィルムが映されたんです。この人はこういうチャレンジを続けてきたと。それがフォレストの引退式でした。

フォレストはただの業者ではなく、全アメリカの水族館が功績を称えるパートナーだったわけです。最後に花束が贈呈されて、スタンディングオベーションが起きました。それほどの功績を残したと、みんなが認めたわけですね。

その関係性がすごくいいなと思ったんです。お国柄による違いはあるかもしれませんが、もしも自分が運良く水族館の運営側に回ったときには、漁師さんとか、研究者とか、そういった人たちと手をつないで、一緒になってやっていきたい――そういうことを強く思いましたね。

本当に一つのことを突き詰めていくのであれば、ビジネスになるかどうかを考える岐路に立ったときでも、初志貫徹で突き進んでいきたい。60歳になったら会社を引退して、「一人で海外に行って、海のインディ・ジョーンズになる」と、みんなに言ってます。また、そこで得た知見を水族館に持って返って、世界のリアルな様子を伝えていきたいと思っています。

【プロフィール】

いしがきこうじ：2000年に有限会社ブルーコーナーを設立し、世界中の水族館に希少な水棲生物を納入することから〈海の手配師〉と呼ばれる。『情熱大陸』『クレージージャーニー』などテレビ出演も多数。2011年に沼津港深海水族館館長に就任。2018年に同館館長を退任するも、海の生きもの捕獲、輸送、飼育活動を精力的に続ける。2022年から、館長に鈴木香里武氏を迎え、世界初となる幼魚に特化した幼魚水族館の運営・管理を始める。『ゆるゆる深海生物図鑑』（2017年／Gakken）、『深海生物の謎』（2017年／宝島社）、『本当にいる世界の深海生物大図鑑』（2015年／笠倉出版社）、『マグメル深海水族館』（2017年～／新潮社）など、著書・監修書も多数残す。

世界一信頼されるサプライヤーになる
そこからブレないようにして
とにかくまっすぐやるしかない

――石垣幸二

採集の人

松村将太

［海遊館］

サカナを求めて北極圏へ

水族館の水槽に新しい生きものを迎える方法の一つに、〈採集〉がある。水族館の飼育員等が、生きもののいる場所へ直接採りに行くというわけだが、作業の内容は実にさまざま。タモ網を使ったり、釣りをしたり、海に潜ったり、時には漁船に乗せてもらい網漁で採ったり。そんな採集の仕事の実際について、大阪にある世界最大級の水族館、海遊館の松村将太さんに話を聞いた。松村さんが体験した北極園の極地採集の話もじっくりと。

写真協力：海遊館

■採集の仕事とは

主に二つの目的があると考えています。

一つはもちろん展示生物の収集です。「こういう生きものを展示したいから、どこそこに行って捕まえてこよう」と。もう一つは、展示する生きものたちが暮らしている自然の環境を自分で体験すること。これも大切だと思っています。やっぱり想像だけで水槽のレイアウトを組んでしまうと「実際はそんなところにはいないのに」というような展示になってしまうんですよ。「生きもの本来の暮らす様子をお客様にお届けする」という、海遊館の意図、目的からずれてしまうことになってしまいます。そういった点では、飼育員が自然のフィールドに自ら足を運ぶというのは、とても大事なことかなと思っております。

ちなみに海遊館の場合、採集の仕事は飼育員が行っています。ほかの水族館も多くは飼育員が採集していると思いますが、飼育員とは別に採集専門のチームを設けているところもあるようですね。

採集に行く頻度は、どんな生きものを採集するかによってまちまちです。きっちり決まっていることではなくて、採集を行った後、そろそろもう一度行こうとなったら採集に行くという感じでしょうか。特に北極は近年の気候変動の影響を受けやすい地域です。今、実際の北極圏はどういう環境なのか、どう変わっていっているのか。そういうことを見る必要があるのかなと思うので、できるだけ定期的に行きたいとは思っています。ただあんまり頻繁に行きすぎると、それはそれで現地の生きものを必要以上に採集してしまい、我々が環境破壊を行う立場にもなってしまう。その辺りは注意しなければいけないと思っています。

私がこれまで行った採集場所としては、北極が一番大きい仕事でしたけど、それ以外だと季節ごとにクラゲの採集に行っていました。クラゲという生きものは、夏頃によくみられるイメージが強いと思いますが、実は春先が種類的に一番多く見られる季節なんです。海遊館の周辺は特にそうですね。春先に、例えば淡路島や大阪湾の周辺、あとはちょっと遠出して京都の日本海側、舞鶴の辺りに行くこともあります。あとは夏の有明海に行っていました。そこでビゼンクラゲという、とても大きなクラゲが採れるんです。

特に印象的だったのは、やはり有明海にビゼンクラゲを採りに行った出張ですね。ビゼンクラゲの出張はたいてい三日がかりとなります。海遊館の活魚トラックで、1日目の夕方にフェリーに乗って、夜の間に九州まで行きます。その後、車を走らせて有明海まで移動します。有明海に着いたら、まずはビゼンクラゲの漁師さんにご挨拶して、次の日の早朝に船に乗せてもらって、ビゼンクラゲを採集して、活魚トラックに積んで帰るんです。帰りは高速道路ですね。九州から中国地方を通って、海遊館まで運びます。

最近は中国の方に輸出することもあるそうですけど、ビゼンクラゲは九州の方では食事に利用されていて、居酒屋に行くとクラゲ料理があったりするんですね。

クラゲ以外に、イソギンチャクなんかも出てきますし、有明海の泥の中で暮らすワラスボという魚なんかも食べるんです。他の地方であまり食べる機会がないものが食べられたりするので、特別な面白さがありました。

クラゲ以外では、海遊館の場合ちょっと特殊なんですけれど、高知県に研究所があるんですね。例えば、海遊館にジンベエザメの暮らす〈太平洋〉水槽があるんですが、そこで暮らす生きものの中には、研究所に勤めている飼育員が漁船に乗せてもらって、リクエストした魚をもらってくるという形で採集している種もいます。


あまり調査が進んでいない地域での採集の場合、採集した生きものの中に「このグループの一種かな」というところまでは分かっても、詳細までは分からない場合もあります。そういった場合でも、海遊館に連れ帰ります。もしかしたら、それがあまり知られていないレアな種類だったり、もしくは本当に新種だったりする可能性もあります。

水族館は生きものを展示するだけではなくて、調査研究の役割も担っています。

水族館の中で、大学や研究機関のようなしっかりした研究ができるかというとなかなか難しいですが、採集・飼育・展示を行う環境だからこそ得られる知見もあるんです。研究機関と飼育施設で協力し合うことで、新しい発見につなげていければ。実際にそういうケースもあるんですよ。

素性のわからない生きものを採集したとき、どういう環境で、どういう餌がいいのかなど、飼育に迷うことも多いですが、それを探るのも水族館の仕事の一つかなと思っています。例えば、自然の中でその生きものが絶滅の危機に瀕してしまったとき、人の手で環境の変化が少ない場所に移して飼育して繁殖させる、というのも種を守る一つの方法です。野性下ですべてを守るのは難しいけど、その種を守っていくため、ひとまず飼育下に置いておく。そういうときに、素性が判明していないから飼育をやめておこうとなったら、本当に絶滅の危機となった場合に、我々の対処も遅れてしまいます。素性がわからないからこそ、飼育できる方法を確立する必要があると思っています。

例えば「この地域で暮らすイソギンチャクだったら、こんなエサを食べているかな」と、おおよその検討をつけて、それに同じか、近い餌を試します。あとは、採集したときの水温に飼育水温も近づけておくとか、採集時の環境を参考に、いろいろ想像しながら飼育してみるんです。試したことがうまくいくにつれ、素性がわからなかった生きものの飼育の仕方が少しずつ分かっていきます。

採集の方法もいろんなケースがありますが、まずは自分で採集するか、ほかの人に採集してもらうかの二つに大別できると思います。

自分で採集する場合は、陸から採集するのか、潜って採集するのか。潜った場合は、例えば北極圏だったら、海水温が冷たい分、生きものの動きがそれほど速くないので、小さい熱帯魚網で捕まえることもできます。岩礁域の熱帯魚だったら、そうもいかなくて、水中の囲い網みたいなものを自分たちで仕掛けて、数名でサカナを網の方に誘導して捕まえることもあります。仕掛けを水中に沈めて、一晩待って引き揚げるという方法もあります。

ですから、生きものの種類だったり、生息環境だったりに合わせて採集方法はまちまちなんです。

■北極圏で採集

2013年、新しく北極圏のエリアも含む〈新体感エリア〉がオープンしました。その名前の由来ですが、これまでのようにアクリル越しに生きものを見るだけではなく、視覚以外の感覚——嗅覚、聴覚、触覚なども使って、生きものや生きものが暮らす環境を体感しようというコンセプトから、〈新体感〉としたんです。

そこに北極圏、イワトビペンギンが暮らすフォークランド諸島（マルビナス）、サンゴ礁があるモルディブ諸島、この三つの地域をピックアップしました。

その中の北極圏は、上下階の2フロアに分かれています。上のフロアのワモンアザラシという小さなアザラシが暮らすところを乖離水面と考えて、下のフロアはその下の部分、つまり流氷の下の海中をイメージしたエリアになっています。

海中のエリアから見るワモンアザラシの水槽は、水槽の底の部分がドーム状のアクリルになっているので、流氷の隙間からアザラシの姿が見えるというようなイメージでご覧いただけるんです。

加えて、下のフロアは北極圏の海の中で暮らす生きものたちを展示するコーナーにもなっています。

先ほどから採集の話をしてきましたけど、自分たちで毎度海外まで採集に行くのはちょっと大変なので、多くの場合はその地域で生きものの採集を行ってくれる業者にお願いして、採って送っていた

ケンブリッジベイに向かう飛行機の中から。北へ向かうにつれ、大地に木が生えなくなっていく

だくんですね。でも北極圏の海中で暮らす生きものたちに関しては、海が冷たすぎたり、許可が降りないなどの理由で潜って採ってくれる人がいないんです。

ですから、自分たちで採集に行かざるを得ませんでした。

2012年の夏ですかね、私の先輩にあたるスタッフが二人でカナダのレゾリュートというところまで採集に行きました。それで採集した生きものを「新体感エリア」の第1弾ということで、これまで飼育展示してきたのですが、中には寿命が数ヶ月～数年程度の生きものもいるので、徐々に数が減っていきます。

そういうことがあって、最初に採集した2012年の4年後にあたる2016年度に、北極まで採集に行く話になりました。

私は2015年のタイミングで、海獣チームから魚類チームに移りました。その年度末あたりに、「実は来年度に北極へ採集に行く」という話を聞きまして。これは本当かどうか分かりませんが、そのとき上長から聞いたのは、ペンギンの水槽は水がとても冷たいから、海獣チームでペンギンを担当していた私は冷たいところに潜るのに慣れているだろう……ということで私が抜擢されることになった

ドライスーツを着て、
いよいよ北極圏の海へ
（一番左が松村さん）

ということです。

魚類チームは潜水して掃除をしたりエサをあげたりするときには、基本的にウェットスーツというものを着るんですね。名前の通り、中に水が入ってきて濡れる潜水服です。それに対して、海獣チームでは冷水の水槽があるので、ウェットスーツではなくドライスーツというものを着るんです。

ドライスーツは洋服の上からそのまま着て、背中のチャックを閉めたらもう中に水が入ってこないという仕組みになっています。だから中の服を温かい服にすれば、冷たい水の中でも、凍えずに潜ることができるんです。

ドライスーツの場合は、ウェットスーツと違ってスーツの中に空気が残ることになるので浮いちゃうんですね。なので、浮かないようにウェットスーツで潜るときよりたくさんの重りをつけたり、身体の動かし方がちょっと難しかったりもするんです。魚類チームはあまりドライスーツで潜る機会がないので、慣れている海獣チーム出身の私であれば、北極に行ってもうまく潜れるのではないか、ということで抜擢されたというのもあるようです。

北極に行くことになってから、一緒に行く先輩といろいろな準備を進めていきました。
まずはどんな潜水機材が必要なのかを洗い出し、同時にご協力をお願いしていたバンクーバー水族館との調整を進めました。何かを忘れてしまうことで、せっかく北極圏まで行ったのに何も採れずに帰ってくることになっては大変なので、事前の準備は入念に行いましたね。

実際に北極圏というと見渡す限り雪と氷みたいな風景を想像するかもしれませんが、そうでもないんです。実は夏の時期だと雪も氷もないんですよ。
ただ夏以外の時期は――私が行ったケンブリッジベイの場合、夏は1ヶ月間ぐらいと言われていまして、その前後では雪が降り氷も張って、みなさんがイメージするような北極の風景になってしまいます。ケンブリッジベイは、夏の期間は雪がなくて氷がない。すなわち、ほんのわずかですが、比較的安全な時期なんです。

私が潜ったところは、水深20～30メートルという場所でした。「（採集のための）海の環境としては、それほど良くない」と聞かされていましたが、底までしっかり見えていて、透明度はかなり高かったと思います。
海底にはウニやクラゲもいました。海底で石の下に生きものがいないか探しながら、片手に網を持って採集したんです。気を付けないといけないのが、足につけているフィンです。海底は砂地のように見えるんですけど、もっと粒子が細かくて、どちらかと言えば泥なんですね。そこでフィンを不用

海底で採集をする様子。手に持ったビニール袋に生きものを入れていく

意に動かしてしまうと、泥を巻き上げて周囲が見えなくなってしまいます。ですから海底で作業をしているときは、あまりフィンを動かさないようにしていました。

採集道具は網とビニール袋で、これらを手に持って潜ります。ビニール袋を水で満たして、その中に採集した生きものを入れていく、という流れですね。一度、失敗したことがあるんですが、〈食べる・食べられる〉の関係にある2種の生きものを一緒の袋に入れてしまい、途中で食べられてしまいました。袋は何枚か持って潜って、生きものの大きさなどで分けて入れるようにしていたのですが、「このサイズ差だったら食べられることはないだろう」と思って同じ袋に入れたのが失敗でした。

ケンブリッジベイの海に大きなサカナは、あまり多く見られませんでしたね。

私たちが潜った海域にはアザラシも暮らしていることが理由の一つかと思います。私が見かけた中で、一番大きいサイズのサカナでも数十センチでした。それも水中を泳いでいるのではなく、岩陰にじっと隠れているような暮らし方でしたね。とにかくサカナの群れが泳いでいるというような環境ではなかったです。どちらかというと、底の方に数センチか、大きくても10~20センチくらいの魚が岩場に隠れているという環境だったので、採集する技術よりも、まずは見つける技術が大事でした。

見つけた生きものは、初めて見るようなものばかりでしたね。

「フォーラインスネークブレニー」というサカナを岩陰で見つけたのですが、尻尾の方をツンツンと突いたりして、びっくりして逃げた先に網を仕掛けておくんです。そうやってうまく誘導して採集しました。追いかけて捕まえるとなると、なかなか大変ですからね。他にニシキギンポの仲間であるバンデッドガンネルのような、採集後日本初展示となった生きものもいました。

小さな生きものもたくさん見ましたね。クリオネの餌になっている「ミジンウキマイマイ」や、ダンゴウオの赤ちゃんのようなサカナなんかは、ほんの2~3ミリです。1センチくらいのポーラーシュリンプというエビもいました。

不用意に近づいてしまうと、パッと逃げていってしまいます。そうすると警戒心が強くなってしまい採集しにくくなります。なるべく遠く、広く見て、「ここに生きものがいるな」と把握した上で、ゆっくり近づいて採集するというのがセオリーですね。

他にも多くの成果があり、結果として49種412点の生きものを採集することができました。

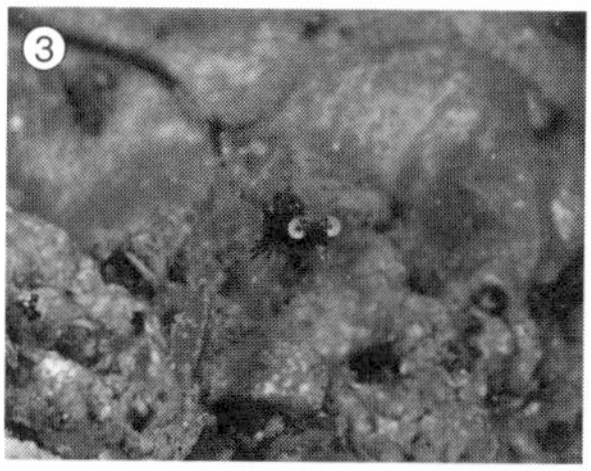

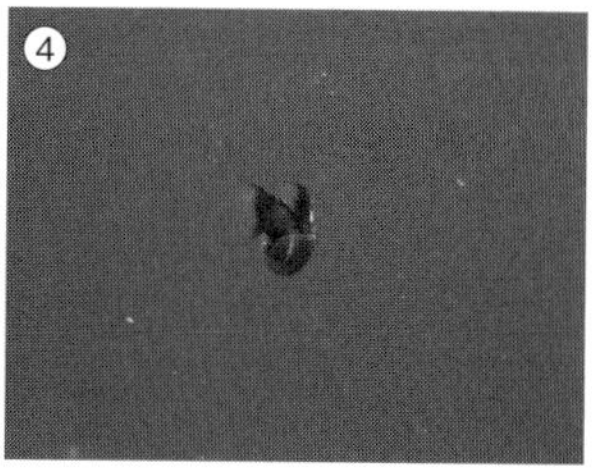

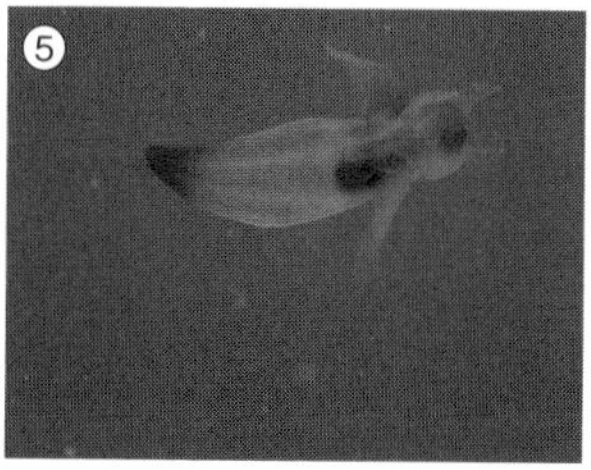

北極圏の海で出会った生きものたち。
①フォーラインスネークブレニー
②バンデッドガンネル
③ポーラーシュリンプ
④ミジンウキマイマイ
⑤クリオネ

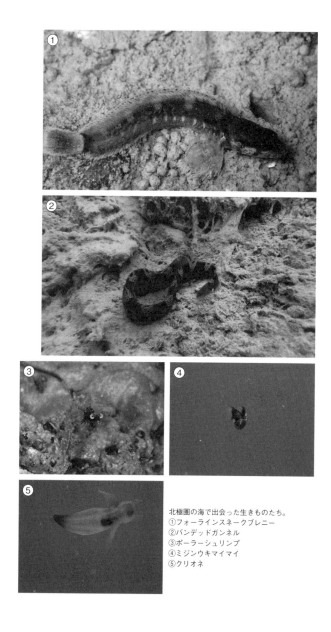

■北極圏の展示

採集して連れて帰った生きものは、しっかり飼育しなければなりません。

北極圏のような冷たい世界の生きものを飼育するとき、一番重要なのは水温です。温度が1度違うだけで、極地で暮らす生きものにとってはかなり大きな差になるんです。その水温を展示でもしっかり再現しないといけないわけですが、そのためには大きな冷却装置が必要になってきますし、冷却装置は基本的にずっと稼働させておくので、水温をキープするための制御盤も用意しないといけません。

その他、万が一冷却装置が老朽化して壊れてしまったら水温がどんどん上がっていくことになるので、異常を速やかに把握できるような警報装置も必要ですし、予備の冷却装置も要ります。生きものの命に直結する環境づくりと、環境を維持する装置のメンテナンスは、とにかく重要だと考えています。北極圏の水槽は、海遊館の中でも一番温度管理がシビアですね。

「生きものが暮らしている環境を再現し、その中で元気に暮らす姿を見ていただきたい」という思いが強いので、自分の目で見て、知ったことを展示に活かしていきたいです。

【プロフィール】

まつむらしょうた：家族で水族館をめぐる幼少期を経て、専門学校でサカナの飼育を学ぶ。養殖会社勤務の後、２０１２年海遊館に入社。海遊館では、イルカやアシカといった海獣類、ペンギン類を担当した後、魚類のチームに配属され主にクラゲを担当。２０１６年、北極圏の採集チームに抜擢される。２０２１年から同館の広報業務に従事。

素性のわからない生きものを採集して、
どういう環境で、どういう餌がいいのかなど、
飼育に迷うことも多いです
ただ、それを探るのも水族館の仕事の一つかなと

——**松村将太**

水槽の人

敷山靖洋

［日プラ株式会社］

香川県の町工場から世界的アクリル水槽メーカーへ

例えば沖縄美ら海水族館のジンベエザメ。その圧倒的な迫力を海に入ることなく見られるのは、ジンベエザメを一望できる巨大な水槽があるからこそ。当然のことながら、水槽にはたくさんの水が入るため、水槽はその水圧に耐えられるものでなければならず、製作のためには高度なアクリル加工技術が必要となる。香川県にある水槽用大型アクリルパネルメーカーの日プラは、水族館黎明期からこうした技術を培い、これまで北米、南米、ヨーロッパ、アフリカ、中東、アジア、オセアニア、そして日本と、文字通り世界中の主要な水族館に多様な水槽を納めてきた。同会社の道程や水槽メーカーとして考える水族館の本質などについて、同社代表取締役社長である敷山靖洋さんにお話をうかがった。

■日プラの歴史

日プラの創業は昭和44年（1969年）のことです。

地元の四国電力さんのグループ内で、香川県の屋島という山の上に、東洋一の水族館を作りたいという構想が出てきたようです。そのとき香川県としては、自分たちの県がハマチの養殖の発祥の地であり、県魚でもあることから、ハマチを回遊させるドーナツ型の水槽を作りたいという構想を持たれたんですね。

そのドーナツ型の水槽は、外周16メートルで、ドーナツの穴の内径が10メートル。お客さんが10メートルの穴の中に入って、中から水槽を見回せるというデザインでした。そのとき四国電力グループの方たちが、柱のない水槽をイメージされました。

当時の大型水槽はガラスで作るのが常識でした。今でこそアクリルを使っていますが、アクリルで水槽を作ろうという発想はあまりなかった時代なんです。ですから、ガラス水槽で構造検討を始めたわけですけれども、ガラスメーカーさんは全社ともNGを出されたんですね。それでも電力会社側はあきらめず、「ガラスでダメなら他のもので検討できないか」と言われました。

その頃、ちょうど日プラの創業者が、日プラの前身となる会社に勤務していたんです。その会社は四国電力とご縁があって、「ガラスでは、こういう構想が実現しない」ということで頭を痛めているという話を聞かされ、「あなたたちの技術で何とかならないか」という相談を受けたのがそもそものきっかけでした。

その会社では、アクリル材を接着剤でつないで強度の高いアクリル加工品を作る技術を開発していましたが、なかなかその素晴らしい技術が利益に結びつかないというジレンマを抱えていました。そういった折に、この話をいただいき、私どもの創業者が「これこそ自分たちが開発した技術を生かしてもらえる、社会貢献度の高いビジネスになるんじゃないか」という閃きを得て、「やりたい」と手を上げたんですね。

しかしながら、その会社の役員たちは、構造的にリスクがある仕事をいきなり請け負うのはいかがなものかと躊躇しまして。

そこで私どもの創業者は、「いや、これこそが自分たちが生き残っていく大きなチャンスじゃないか」と考えました。「この仕事を持って独立させてほしい」と相談し、円満退社して、自分の会社を作った――というのが日プラの始まりなんです。

そのときに賛同してくれた職人さんが当時2名いたそうなんですね。ですから創業者と、職人2名がいて、それに事務員さんとかを入れた6名の従業員で小さな町工場を作ったわけです。そこで初めて手がける仕事が屋島水族館の回遊水槽ということになりました。

当時生産されているアクリルの中で、最も大きい原板が1・8メートル×2・4メートルで厚み15

ミリというものでした。ところが直径10メートルの円筒を作るためには、その厚さ15ミリの板では水圧に耐えられないということが、計算上分かりました。ですから、その15ミリの板でどうやったら大きな水圧に耐えられる水槽を作れるか、ということになります。そうするともう貼り合わせるしか方法がない。

ちょうど私どもの創業者が、強度や透明度を落とさずにアクリル板を貼っていく技術を持っていたわけです。小さなアクリル板を貼り合わせるのであれば、当時日本でも何社かできたと思いますが、最大級の板を、泡も入れず綺麗に貼り合わせるというのが、我々の創業者の開発した特殊な技術でした。

それを応用して、つまり1・8×2・4メートルの板を重ねて厚くしていき、それを熱で曲げて曲面にしたものを並べることによってハマチの回遊水槽をつくりました。たった6人でしたが、屋島水族館の仕事を見事成功させました。

その後、高知県の宿毛《すくも》にあった水族館からも引き合いがあったので、そこも当社のアクリル技術を生かして水族館の水槽を作りました。ゆっくりではありましたが、そういった実績を一つ一つと積み重ねていくうちに、声をかけていただく機会が増えていきました。だんだん水族館業界の中で大型水槽が求められるようになってきた頃でしたが、やはり大きな水槽はガラスメーカーさんだと難しいところがあったからです。

■モントレーベイ水族館で起きたドラマ

会社の歴史の中で、一つの転機となったのがモントレーベイ水族館の仕事です。

私どもは、アクリル水槽の技術としては世界でも最先端のものを持っていたのですが、いかんせん当時は四国の町工場という立場でした。ですから、東京に本社のある一部上場の大企業と競合すると、どうしても二番せんじに甘んじてしまうところがありました。これは技術力の差というよりも、はっきりと企業力の差です。

そんな折、アメリカのモントレーベイ水族館が世界一の水槽をつくるということで、その水槽つくりを日本の大手メーカーとアメリカのメーカーの２社で競合していました。

アメリカの水槽メーカーの特徴は、我々のように何枚ものアクリル板を貼り合わせて大きな水槽をつくるのではなく、1個の巨大なアクリルの塊を水槽にして、それを納めるという形でした。ですからアクリルの接着技術が進化していなかったわけですね。

ところがモントレーに求められた水槽は、幅16メートル、高さ５・２メートルもあり、それを1個の水槽としてつくっても、とても運べない。当然アメリカのメーカーは、水族館側から「アクリルを現場でつなぎ合わせてつくる方法はできますか」と質問されました。そこで、アメリカのメーカーがこのように答えたそうなんです。「日本の日プラというメーカーがすごい接着の技術を持っている。自分たちはそこを下請けとして提供するから安心してほしい」

モントレーベイ水族館としては、急に日プラの名前が出てきたの調べてみたところ、どうも確固とした技術を持った日本のメーカーで、水族館の大水槽に携わってきたらしいと。

そしてある日、我々のもとにモントレーから手紙が届きました。

そこに書いてあったのは「あなたたちが大型のアクリル水槽をつくる技術を持つ会社と聞きました。あなたたちはアメリカの市場に興味ありませんか」という質問だったんです。もしアメリカの市場に興味があれば、モントレーのプロジェクトに参加しませんかと。

我々にしてみたら、そんなの天から降ってきたとんでもない朗報です。アメリカの市場に興味がないわけはありません。「お客さんから我々の技術を求めていただけるのであれば、誠心誠意対応させていただきます」とお返事しました。すると、「あなたたち単独で来てください」というお招きをいただいたんです。

我々がモントレーに乗り込んでいくと、設計人から物凄くたくさんの質問を投げかけられました。それに対して、我々も一つ一つ資料をそろえて、彼らに説明するため何度も通って対応したわけです。もう必死でした。

ところが、競合していた他メーカーというのが、そのへんの対応があまり良くなかったそうなんですよ。それに対して、日プラの対応はずば抜けて良かった。こちらの質問に対してかゆいところに手が届くような対応をしてくれた。何よりもアクリルのテストをやったときに強度が一番だったと。

最終的には、3社で入札することになりました。

そのとき、実は私どもは2番目の価格だったんです。一番はアメリカのメーカーだったそうです。その金額の差は全体の10〜15%くらいあったと思いますが、それは輸送代の差でした。アメリカのメーカーはトラックによる国内移動だけで済むわけですが、こちらは太平洋を船で渡っていかなくちゃいけない。ですから、当然輸送費が上乗せになってしまいます。ですから、最後の打ち合わせをする際、その差分を値引きするつもりで行ったんです。

ところがモントレーベイ水族館の方は「あなたたちから買うから値引きの必要はない。差額の15%はあなたたちの技術料だ」とおっしゃったんです。「私たちはより良い製品を買うんだから、値段が15%ぐらい高いのは当然だ。責任を持って相応の品質のものを納めてほしい」と。もう日本人のビジネスの中では考えられないようなコメントでした。

そう言われると、我々物つくりの人間としては、負けるわけにいかないじゃないですか。だからもう採算度外視ですよ。とにかく最高のものをつくって乗り込もうと。

モントレー水族館というのは、世界でも1、2を争う名実ともに素晴らしい水族館でした。その水族館がアメリカで実績もない小さな日本の会社に、世界最大のアクリル水槽を発注した——そのニュースは業界の噂としてかなり広まったそうです。「モントレーベイ水族館は大丈夫なのか。そんなところに任せていいのか」と、かなり冷やかされたりもしたそうで、私どもが現場に乗り込んだときも、「我々は自分たちで確かめて、あなたたちの仕事が最高であると確信している。その期待を裏切らないでほしい」と発破をかけられました。

我々は「任せておいてください」と言って、ついに水槽を完成させました。

新しい水族館が完成したとき、アメリカ中の水族館の館長さんたちがオープニングセレモニーに来られました。大水槽の前にお客さんがみんな並んでいます。そこでモントレー水族館の当時の館長さんが、除幕式のような感じでテープカットをして、水槽の前のカーテンが降りたのですが、そのとき館長さんが言ったのが、「私たちの選択に間違いはなかった。これが日プラのテクノロジーだ」という言葉でした。

カーテンが降りると、そこには柱のない幅16メートル、高さ5・2メートルの大きなアクリルでできた水槽があり、もちろん水が入ってサカナが泳いでいました。

当時、アメリカでは、それほど大きな水槽であれば柱がないとできないというのが常識でした。それなのに、目の前に柱のない巨大なアクリル水槽がドンと現れた。そこからですね。「こういうものができるのなら、うちの相談にも乗ってほしい」という話がいくつも入り、どんどん仕事が舞い込んでくるようになりました。

そうして、5年、10年と経っていくうちに、アメリカだけでなくヨーロッパやアジアからも引き合いが来るようになって、気がついたら市場が世界一周していました。世界で何十ヶ所という実績を積んだあたりから、日本でも水族館ブームがまた始まったわけです。

平成2年の頃から毎年、日本で大型水族館が生まれた時代がありました。そういった大きな水族館を作るにあたり、館の方は世界の水族館の視察にも行かれたそうです。そこにある巨大水槽を見て、「この水槽はどこがつくったんでしょう」と聞くと、「日プラという、あなたたちの国の会社だ」と言われたそうです。そこで大手の設計技術者の方から、自分たちの計画にも相談に乗ってほしいという相談があり、ご説明にあがると熱心に話を聞いてくれました。

モントレーベイ水族館の仕事をする前、私どもが二番せんじに甘んじていた頃は、技術の話をしてもあまり聞いてくれなかったのですが、世界を一周して帰ってくると向こうから声をかけてくれて、採用してくれるわけです。そうして、日本でも仕事がつながっていき、「沖縄に世界一の水族館をつくろうじゃないか」ということで、ギネス記録にもなった沖縄美ら海水族館の〈黒潮の海〉の水槽ができました。

美ら海水族館のジンベエザメを入れる巨大水槽の正面パネルには、実は初期の計画だと全部柱が入っていたんです。高さ8メートルの柱が、2・5メートルの間隔でずっと並ぶ構想でした。ただジンベエザメって、7、8メートルもありますよね。それが水槽の中を泳ぐとなると、檻の中を泳ぐようなイメージになってしまいます。どうしても見づらいわけです。その見づらい水槽で世界一を名乗っても、単に水量が世界一というだけであって、「小さい窓を並べているだけじゃないの」と言われてしまいます。そこで我々の方から設計事務所に、「この柱を全部取っ払いましょう」というご提案をしたんです。

「そんなことができるの」「全部取っ払うと板厚は何ミリになるの」といった質問が出て、計算してみると、厚さ60センチにすれば大丈夫という結果になりました。厚さ60センチのアクリルは世の中に存在しません。それまで扱った一番厚いパネルでも、30センチほどでした。そこで「30センチ厚のアクリルを2枚重ねて60センチをつくります」と説明しました。

ただ実現にあたって問題も起きました。

それまでの工程だと、何枚ものアクリルパネルを現場に寝かせて、それを1枚の大きな板になるようつなぎ合わせ、最後に重機で起こして設置していました。ところが美ら海水族館の大水槽のパネルは、1枚の大きなアクリル板にすると130トン以上になってしまいます。重機を使っても重すぎて起こせないわけです。アクリルを接着をするのに温度を管理しないといけないし、雨風も入れてはいけないので、天井を開放して作業するのもダメです。

そこで別の工程を考えました。厚さ60センチ、高さ8・2メートル、幅3・2メートルのアクリルを1枚とすると、だいたい20トンです。20トンであればトラッククレーンを水槽内に入れて、一つ一つ立てることができます。一枚ずつ立てて、立てた状態で接着していく――そういう技術をここで開発しました。最終的には7枚の巨大なアクリル板を現場でつなげました。

ぶっつけ本番でやるのはあまりにも怖かったので、我々の工場で大きなアクリルを立てて接着する練習をしておきました。貼っては失敗し、貼っては失敗し……それはもう何度もやりましたね。その後、「このやり方、この手順、この温度でやれば失敗しない」と確信を持てたところで、美ら海水族館で実行に移しました。

我々は、ある段階から加工技術の機械化をやめたんです。工場の機械がないと作業ができないということでは、いろいろな現場に対応することができません。ですから道具は人間の手で持って運べるものを基本として大きな水槽を作ろうじゃないか、という発想に変えたわけです。日プラの職員たちには、「あくまで工事現場でできることの中で、技術を構築していきましょう」と言いました。そういった発想の中で培ってきたのが、我々の技術なんです。

その技術が確立してからは、どの国のどの場所でも大型水槽を作れるようになりました。例えば気温が50度にもなるサウジアラビア、気温がマイナス30度にもなるロシアや中国北部、そういうところでも同じ品質を安定して提供しています。

いくら大手メーカーが資本力を発揮しても、この技術は絶対に生まれてこないです。だからライバルメーカーがなかなか出てこないというところもあるかと思います。

大きな水槽をつくって、初めて水を入れる瞬間には、基本的にうちの社のものも立ち会っています。そのときはまあドキドキしますよ。

壊れる心配はしていませんが、水圧がかかってきますから、アクリルがどんどんコンクリートの躯体に馴染んでいくんですね。そのときドンッという、かなり大きい地響きのような音がするんです。ゼネコンの監督さんや水族館の方はまず逃げますね。

少しずつ水を入れていくことで、ミシミシ……パキッ……ドドドッ……ドン！という音が出るのは、水槽が躯体に馴染んでいる証拠です。小さな地震が積み重なることで、大きな地震を発生させないようにしてるのと同じですね。だからうちの前社長などは、その音が「子守唄に聞こえる」と言っていました。

まあでも、あんな音がしたら身がすくみますよ、やっぱり。

■水槽のアクリルをカーブさせると……

アクリルの光の屈折率というのは、実は水にとても近いんですね。

ガラス水槽だと、屈折率が水と変わるので、レンズ効果が高くなります。ですから、ちょっとでもガラスが湾曲すると、中の生きものがかなり歪《ゆが》んで見えてしまうんです。その点、アクリルの屈折率は水に近いので、フラットなアクリル水槽でサカナを見ると、それほど大きさが違って見えないんです。

それをカーブしたパネルにすると、やはりレンズ効果が出るので、中を泳ぐ魚は大きく見えたり小さく見えたりしてくるわけですね。そこはもうアクリルの持っている特性なので、技術的に解決しようとしても難しい。

でも、気持ち悪くなるような水槽を作っちゃ駄目なわけですよね。

私どもはよく設計段階で、「カーブパネルを作るのであれば、同じアールにしましょう」と言っています。そうすると、泳いでいる途中で大きくなったり、小さくなったりすることがなくなって、それほど違和感なく見えるからです。建築設計事務所の先生や発想豊かなオーナーさんから、「これだけじゃつまらないからS字型にしよう」「A型ってどうなの」「フラットにしておいて、最後にカーブをつけてみたい」といった質問やリクエストが来るんですけど……まあ技術的には作れます。ただ、例えばフラットな面からカーブして曲がるところ、そのフラットとカーブの境目ですよね。そこでサカナがビヨーンと伸びてしまったり、逆に縮んでしまったりします。そういうのって何か興ざめするんですよね。

もう一つ避けるべきは、ダイヤモンドのような多面体の水槽です。円筒水槽ならいいんですけど六角柱とか八角柱の水槽になると、中のサカナがおかしな見え方になります。一匹が二匹に見えたり、途中で消えてあるところからポンと飛び出したり。ひどいのになると魚が前後に切れて見えたり。そういうのはもう「水族館でサカナを見る」という本質から外れちゃうわけですよね。

アクリルからレンズ効果をなくすことはできません。ただ、それをできるだけ自然に見せるデザインや形状はあるので、そこのところは経験からアドバイスさせていただくよう努力しています。

■新屋島水族館での挑戦

最初に申し上げたように、屋島水族館は私どもの会社の原点になります。

それが15年ほど前に「もうお客さんも減って収入もないし、老朽化した建物や水槽の修理もできない。残念ながら経営をクローズしたい」という相談を受けました。

屋島水族館というのは、香川県の子どもたちにとって小学校の遠足で行くところです。中学校になれば友達同士で行きますし、高校になればデートで行ったりもします。結婚して子どもが生まれれば、小さい子どもを連れて行く場所でもあります。香川県民であれば、あそこの水族館に行ったことのない人はまずいないと思うんです。

　実はそれに先駆けて、香川県の栗林公園というところにあった栗林動物園が閉園になっていました。動物園の閉園に際して、行政も民間も誰も努力せず、ただ見ていただけで終わってしまったんです。それから香川県の子どもたちはどうしているかというと、愛媛県の戸部動物園や徳島動物園に行ったりしています。我々は県外まで足を運ばないと動物に触れ合えない県民になってしまったわけですよ。これは香川県民にとって、ある意味不幸なわけです。

　さらに屋島水族館がなくなったら、動物園も水族館もない県になってしまいます。そんなところで育つ子どもは幸せなのかと考えてしまいまして……。私の中でも栗林動物園の閉園のときに何も手を出さなかったことについては、すごく悔しい思いがあるというか、反省をしてる部分がありました。それが水族館の閉園という話になると、我々にとってあまりに関わりが深い。そこで「では、自分たちが引き受けましょうか」という話になったわけです。

　日プラであれば、水槽の修理なんて自分たちでできます。私どもは建築関係の資格も持っているので、建物の修理についても、多少なりともできるわけです。日プラは世界中の最先端の水族館に携わってきたノウハウを持っていますから、いろんな形、いろんな見せ方の水槽を作ってみて、屋島の水族館に並べてみようと。

今、新屋島水族館は、サカナがそこを泳ぐとどういうふうに見えるのか他の水族館にも見てもらおうという、ショールームのような使い方もしながら、地元に水族館の火を消さないように運営しています。

例えばその中に〈巨大ドーム水槽〉というものがあります。これはある意味自虐ネタなんです。一枚の板を風船のように膨らますドーム成形という技術があるんですが、その技術を世界最大のアクリル原板で使ってみた直径3メートルの半球水槽です。それは物凄いレンズ効果があるんですよ。普通の伊勢エビを入れたりしていますけど、外から見ると1メートルくらいの巨大エビがいるように見えるわけです。ただ同じアールになっているので、歪みなどの違和感はない。まさに虫眼鏡で観察しているような状態ですね。

ただ、やはり水族館というのは、水槽というハードが主役ではなく、中の生きものたちというソフトが命です。

その生きものに携わっている飼育員たちの仕事というのは、本質的に言うと、サカナを飼育したりショーのパフォーマンスをやったりすることではなくて——それもありますが、一番は見に来てくれたお客さんとのコミュニケーションだと思うんですよね。

サカナはものを言いませんから、どんなに珍しい貴重な魚が泳いでいても、知識がないとただのサカナにしか見えないわけです。だけど、そこで飼育員が間に入って説明することで、このサカナの特徴は何か、このサカナがいかに貴重であるか、今後生き延びていくためにはいかに周りの環境が重要なのか、そういうことを伝えることができるんです。

来てくれたお客さんに対して面白おかしく、興味深く、教育的なお話をして、「水族館に来て良かったね。また行きたいよね」とか、「学んだことをきっかけにいろいろ調べて勉強してみよう」とか、そういうきっかけをつくるのは、飼育員の一番の役割だと思います。ですから新屋島水族館では、そういったところを徹底的に社員教育しています。

世界の水族館に携わることでいろいろな経験を積み、一歩下がったところで、いかにソフト、つまり生きものが大事であるか気付くことができました。自分たちの小さい施設で実験的に水族館の本質を表そうとしている、それが今の新屋島水族館です。

【プロフィール】
しきやまやすひろ：香川県のアクリル水槽メーカー、日プラ株式会社代表取締役社長。創業者、敷山哲洋氏を父として同社の運営に長く携わる。日プラが手がけた沖縄美ら海水族館の大水槽は2003年度ギネス記録に認定。その後も、ドバイモールや中国チャイムロング横琴海洋王国の水槽でギネス記録を更新。同社のアクリルパネル製作に関する独自技術を引き継ぎ、現在も世界中の施設で新たなアクリルパネルづくりに挑戦している。

工場の機械がないと作業ができないということでは、
いろいろな現場に対応することができません。
我々は人間の手で運べる工具を基本として、
世界最大級の水槽をつくろうじゃないかと

——敷山靖洋

音楽の人

井口拓磨

［株式会社マスターマインドプロダクション］

水族館の空間づくりにおけるサウンドデザイン

水族館に流れる音楽の中でも、特に評判が良いものを見ていくと、サンシャイン水族館の名前があがる。サンシャイン水族館の音楽はサウンドアーティストの井口拓磨さんが制作したもので、同館のミュージアムショップにある井口さん制作のサウンドトラックCDは依然として人気が高い。それは水族館という施設をつくる音楽であり、水族館から生まれた〈カルチャー〉としての音楽でもある。井口さんが施したサウンドデザインはいかにして生まれたのか、そのメイキングの背景に何があるのか。井口さん自身の言葉で語ってもらった。

■サンシャイン水族館の音楽

サンシャイン水族館で、制作したのは2011年の大リニューアルのタイミングでした。自分の音楽性が、ニューエイジ、アンビエント、チルアウトというジャンルなので、自分の音楽性が生かせる「水族館の音楽」を手がけてみたいとずっと思っていました。

きっかけは、あるときたまたま見ていたテレビで、サンシャイン水族館改装の舞台裏の取材をやっていたんですね。そこで「あ、ここに相談してみようかな」と思って、当時のマネージャーに話して、アポを入れて会いに行って、「ここの音楽をやらせてください」と直接ご提案しました。いわば飛び込み営業だったわけです。

そのときまさに改装の計画が進んでいる最中で、音響の設備が整い、どういう音楽を流すか、ちょうど検討するところだったんです。「ぜひ提案させてください」と言って、各エリアの説明を受けて図面を預かり、1、2ヶ月ぐらいでサンプルを出しました。ありがたいことに「是非やりましょう」と言っていただけました。

一般的に施設デザイン工程の中では、音楽・音響の優先順位って最後の最後という印象でしたが、そのときのサンシャイン水族館のコンセプトとして、〈五感〉を強く意識していたのも、幸いしたのかと思います。

当時「五感を使った体験価値」というのが注目を浴びていましたが、それぞれの感覚がシナジーを生むような施設はまだ数少ないという印象でした。水族館にしても、生きものと水槽とスケール感で魅せるのが一般的でしたが、サンシャイン水族館や、そのプロデューサーの中村元さんがよくお話していましたが、「限られたスペースの中で得られる五感の体験価値をどれだけ高められるか」を、すごく大事にされていました。

サンシャイン水族館は高層ビルの中という限られた条件の中で、いかにお客さんに満足していただくかを考えて、順路を工夫したり、展示ゾーンを増やしてシーンの切り替えポイントがつくられたりしています。そうなると一つの音楽を館全体に流すだけでは、体験自体もおおまかになってしまうので、入口から出口までの全体サウンドストーリーと、各エリアのゾーン構成から見直していきました。

エントランス、館内に入ったところ、大水槽〈サンシャインラグーン〉……といったふうに細かくエリアを分け、区切ったエリアごとに音楽を当てるようにしたんです。通例であれば、1、2曲程度の長尺の曲を館全体に流すような感じだと思いますが、僕はそこを14シーンくらいに分けました。そのうえでシーンからシーンへどうつながっていくかを考え、館全体で起承転結のあるストーリーを細かく持たせました。展示だけでは表現できない見えない部分を、音で補完していく作業でした。

サンシャイン水族館は、池袋駅から歩くとサンシャイン60通りを抜けて、サンシャインシティのビルに入り、エレベーターで屋上まで上がってようやく辿り着きます。実は通りの雑踏を抜けて、水族館直通のエレベーターに乗るところから、サウンドデザインは始まっているんです。

まず屋上に上がる水族館専用のエレベーターの中の音楽もテーマ曲をアレンジしたものなんですね。

ここで雑踏のある日常から、一度ノイズをシャットアウト。そしてエレベーターを降りると、目の前を流れている滝の音で、一気に非日常の空間へ。滝の前を過ぎると、「SunshineAquariumEntrance」という、エントランスのメロディフレーズが天井から響いてきます。ここは空港に来たときの雰囲気をイメージした部分です。空港というのは旅の入り口で、デパーチャー（出発）するところですから、一番期待感を募らせる場面ですよね。

こうしたところでワクワクする気持ちの準備を十分にしてもらうというか、水槽に出会う「前」の場面をいかに演出するかは結構考えました。トイレや通路もそうなんですけど、サカナのいないところをいかに水族館のストーリーの一部にするかは、非常に意識した部分です。

全体の統一感という意味では、メインとなる耳に残るテーマメロディをしっかり定めました。そのテーマのバリエーションを、各所に散りばめたりしているので、各エリアに緩急をつけながらも、1枚のアルバムを作るみたいに一つの世界観をバシッと出せたんだと思います。入口から出口まで、すべて通しでやらせてもらえたから、そういうことができました。

もう一つポイントになるとしたら、リズムの存在でしょうか。

サンシャイン水族館では、いくつかのシーンで、リズムビートが感じられる音づくりをしました。空間のイメージは海の中だけなく、海辺やリゾートというシーンも多くあるので、外のマリンガーデンエリアや、壮大な生命感を感じてほしいシーンでは、リズムビートに合わせて、耳に残るメロディを合わせていきました。

制作にあたって、完成した水槽やサカナが泳いでいるところを見てから、音楽をつくったわけではないんです。そこはもう同時進行で。それに実際の水槽を見てしまうと、たぶんイマジネーション感が薄れてしまうというか。僕のプロデューサーでもある小川（弘／株式会社マスターマインドプロダクション代表）にも「情報を入れすぎると、そこで想像力がなくなるから、イマジネーションでつくれ」とは言われていました。ただ自分が昔から憧れていた海に関わる音楽家のサウンドに改めて触れるようにしてましたね。ヴァンゲリスとか、映画『グラン・ブルー』［※リュック・ベンソン監督／1988年公開］のサウンドトラックとか。もともと映画に近い音楽のつくり方でしたからね。そうやって、気付けばボツ曲含めて100近いバージョンのサウンドを、短い期間のうちに集中して作りました。

結果として好評をいただきましたし、リニューアルオープンしてからこれまでの約12年間、同じ曲を使っていただいているのは本当に作家冥利に尽きるというか……自分としても、何か一つの作品という形でまとまったんじゃないかと思っています。いいデザインや建築といったもののように、サウンドデザインも一つの形として残っていけるのかなと。

CMやテレビで瞬間風速的に何百万人の耳に触れることもすごい力だと思いますが、5年、10年ずっとそこに流れ続けて、結果として何百万人の耳に触れた音楽にも、また別の価値があるんじゃないかと思って。近年、水族館におけるサウンドデザインもだいぶ浸透してきた印象があって、自分もそのシーンの開拓にほんの少しだけでも寄与できたかなと、今は感じています。

自分はBGMやサウンドデザインの仕事をしていますが、いつも多くの人の耳に長く残ってもらえ

『Sunshine Aquarium Soundscape Special Edition』
井口拓磨

▶井口さんによるサンシャイン水族館の音楽を収めたアルバム作品。現在、サンシャイン水族館にあるショップ アクアポケットもしくは、サンシャイン水族館のオンラインショップで購入できる。水族館の〈あの音〉をプライベートで味わえる。

るものを目指して制作をしています。

都市に出るといろんな音が溢れていますが、僕が日頃つくっている空間音楽というのは、「詠み人知らず」じゃないですけど、知らず知らずにたくさんの誰かの耳に自然と入って、印象として残っていくというのが作り手としての醍醐味ですね。

■音の空間をつくる

最近関わったプロジェクトは、大阪にある水族館・動物園・美術館が融合した体感型ミュージアム、ニフレルの仕事です。ソニーマーケティングプロデュースのもと、『ひびきにふれる』という多様性を音で表現する期間限定の特別企画のサウンドを、立体音響デザインは上畑正和さん、僕は空間音楽を担当しました。

ニフレルは〈○○にふれる〉といった感じで、いろいろな感性にふれることができる体験型のミュージアムです。あえて生きもののいない状況で、自然音と音楽を立体音響を使って流し、「音だけでどれだけ生物環境をイメージできるか」といったことに挑戦する実験的な企画展でした。雨がザーッと降ってきたり、雷が落ちてきたり、鳥がカカカッと鳴きながらこちらに向かって飛んできたり――そういった事象を音で表現することで、どれだけ驚かしたり、怖くしたり、癒されたりできるかを、上畑さんと細かく考えました。生きもののいない空間でそれをやるのが斬新でしたし、サンシャイン水族館とまた全然違う意味で面白い試みでしたね。

〈音〉をキーワードに、水族館でできることの可能性はまだまだあると思いました。

それぞれの場所に課題があって、その課題を紐解いていくと新しい発想に行き着いたりするんです。やっぱりそれぞれの場所にある〈想い〉とか、立地とか、お客さんに何を伝えたいか、ですね。

マスターマインドプロダクションがサウンドデザインを担当しているすみだ水族館の『ペンギン花火』というイベントも、サンシャイン水族館とはまた違ったアプローチでした。

サンシャイン水族館では、あくまでサカナが主役だったわけですが、『ペンギン花火』は、泳ぐペンギン、水面に映る花火のプロジェクションマッピング、そして音楽という三つの要素が、それぞれ絡み合うショーでしたから。プロジェクションマッピングのコンテンツも含め、ハイエンドのプロジェクターを何個も入れて、かなり大掛かりにやりました。

大きな音と派手な映像で、ペンギンが驚いているんじゃないか、というお話もありましたが、ペンギンの方に向けるスピーカーとお客さんに向けるスピーカーを別にして、ペンギン向けのスピーカーからは〈迫力〉につながる音を限りなくカットして、ストレスがかからないように細心の注意を払いました。実際にペンギンの飼育員の方や獣医さんにも確認してもらいましたが「問題ないです」とお墨付きをもらえました。

プロジェクションマッピングでは花火の映像が流れていましたが、花火が弾けた後のツブツブの映像が、ペンギンたちには海を泳ぐ餌に見えたらしいんですね。僕らは水面を上から見て、花火の映像と認識しているものなんですけど、ペンギンはそれを見て「あ、餌だ！」と思ったらしく、光の粒の映像に目掛けて、活発に動いたんです。結果的に、その年のペンギンの活動量が多くなり、その後の産卵で卵がすごく増えたと聞いています。だから、わりと前向きな意味での刺激にはなったようなんです。

すみだ水族館では、ほかにも『ペンギンと音楽の夜』というライヴイベントもあって、ペンギン展示の前にステージをつくって、DJをやったり、手嶌葵さんや小野リサさんといった著名なアーティストを呼んでアコースティックライヴを行う企画にも携わりました。

BGMではなく、一流のアーティストの生演奏を届ける。それも音のある空間デザインの一つと考えると、水族館から何か新しいカルチャーを発信しているようで、面白い試みだったかなと思います。

水族館は博物館ではありますけど、見に来る人にとっては、あの空間の雰囲気を味わいたいという人も多いんじゃないでしょうか。音楽というのは、そこをお手伝いできる仕事かと思っています。

空間つくりということでは、水族館に限らず、商業施設やリゾートホテルの音楽を手掛けることもありますし、今はオフィス向けのサウンドをデザインすることもあります。だから、僕らの目線というのは楽曲を提供するというよりも、空間に当てはまる音をつくる、という感じですね。

■サウンドアーティストに行き着く

父親が絵描きだったので、絵を見ることはずっと好きで、自分でも描いていたんですけど、そこは才能がなくて。ですけど、美術館の空気感みたいなものはすごく好きでした。

もう一歩入っただけで違う世界というか、それはもう本当にずっと思ってて。その感覚はおそらく、まだ小さい頃から持っていたと思います。

音楽に関してはピアノをちょっと習ったぐらいで、別に作曲なんてやってなかったんです。きっかけとしては、中学2年生のときにご縁があって知り合った花火写真家の金武 武さんです。金武さんと花火を見に行ったとき、バーンと打ち上がる花火を最前列で見て、もう一瞬で心奪われてしまって。そこで自分が得た感動を同級生に説明しても、まあ伝わらないんです。誰とも話が合わない。自分の感動をみんなにどう伝えようかと手段を考えたときに、父親は絵で、金武先生は写真だったので、「じゃあ自分は音楽かな」といった感じで作曲をするようになりました。

音楽はすべて独学でした。

シンセサイザーを買って、ゼロから打ち込みをしていったりと、ずっと趣味で作曲をしていて、その間も花火大会、美術館、水族館、展望台には足繁く通っていました。大学に入ってから花火打ち上げ師の資格を取って、夏になると花火師として季節労働みたいなことをやっていました。その体験や花火師たちのひと夏をカメラで追いかけて、ドキュメンタリー映像にして、そこに音楽をつけて作品を発表したりとか。何かそういう自分一人で完結できる創作がすごく好きで。

自分の世界観を凝縮して、圧縮して、一人で作っていくということに自分は向いていたようです。大学を卒業するとき、花火師になるか、普通に就職するか、いろんな選択肢があったんですけど、最終的には自分のやっている作品づくりでやれるところまでやってみようと思いました。

最初はWEB CMなど映像制作のための音楽が中心で、少しずつ仕事をもらっていきました。そのうちご縁があって、今僕が所属している株式会社マスターマインドプロダクションの代表である小川と知り合い、一緒に仕事をさせていただくようになりました。小川は当時から『NHKスペシャル』などの音楽をやっていたんですが、僕はああいった自然動物系や世界遺産とかのドキュメンタリー番組が大好きだったんですね。

最初に花火から受けた衝撃は、劇場体験に近い感じだったと思います。コンサートや舞台を見るのと同じというか。写真は空間を切り取った〈点〉の芸術だし、父のやっていた絵画も点の芸術ですけど、僕がやっていることは〈時間芸術〉だと思っています。

花火って一瞬だけ綺麗なわけじゃなくて、打ち上がってバーンと開いて、それがまた消えていくという、時間芸術みたいなものがあるんです。考えてみると、それはすごく今の自分にもつながっていて。

建築にも興味があったんですが、建築も竣工して終わりじゃなくて、十年二十年も使っていくと、ボロボロになるものもあれば、地域に根付くものもあります。有名な建築家というのは、その時間的な概念を持っていて、しっかり続いていくように物事を組み立ててるんだろうな、なんて思います。自分が関わったり興味を持ったりするものは、そういう時間芸術の要素ある気がしていて——サンシャイン水族館の〈ストーリーの流れ〉もそうですけど、〈流れ〉や〈時間芸術〉みたいなところはずっと意識してるのかもしれません。

【プロフィール】

いのくちたくま：サウンドアーティスト。シンセサイザーによるメロディアスなニューエイジサウンドが注目を浴びる。映像音楽をはじめ、空間音楽、コーポレートサウンドのプランニングに至るまで、BGM・サウンドスケープ・サウンドブランディングの分野で活躍。サンシャイン水族館を皮切りに、水族館のサウンドづくりに携わるようになる。これまで、サンシャイン水族館、すみだ水族館『東京スカイアクアリウム』『ペンギン花火』『金魚ワンダーランド』、京都水族館『雪とクラゲ』『ぬめぬめワールド』、ニフレル『ひびきにふれる』など数多く音楽制作に携わる。

僕がつくっている空間音楽というのは、
知らず知らずに
たくさんの誰かの耳に自然と入って、
印象として残っていくというのが
作り手としての醍醐味

――井口拓磨

第三部

水族館から生まれる「カルチャー」

写真の人

銀鏡つかさ

写真撮影は水族館好きの最高の趣味

ひょっとしたら水族館は最高の撮影スポットかもしれない。たゆたう水、多様な生態の生きものたち、光と影のコントラスト——こうした美しい風景を切り取り、写真に収めたときの快感といったら……。もちろん光の交錯や動き回る生きものたちは簡単にとらえられるものではないが、それは趣味性の高さを示すものでもある。Ｔｗｉｔｔｅｒ投稿で俄然注目を浴びる〈水族館写真家〉の銀鏡つかささんに、水族館×写真の醍醐味や、水族館撮影のための技術などについてお話を聞いた。

■水族館写真家になった理由

そもそも水族館で働きたかったんです。

もともと好きだったのですが、大学に入っていろいろな水族館を巡っているうちに、「記録しないのはもったいないな」と思って、ブログを始めようと思ったんです。それで、やはり写真がある程度必要かなと思ったので、安いカメラを買って、記録として写真を残すようになりました。そのときは「生きものを撮りたい」「水族館を撮りたい」という、特別な気持ちではなかったですね。

ブログの更新は今では止まってしまったのですが、使っていたカメラがレンズ交換式だったので、「他にもいいレンズがあったら使ってみたい」「もうちょっと真剣に写真を撮ってみたい」という気持ちが自然と芽生えてきました。

そこからカメラもステップアップして、もう一段階良いものを買い、それで撮影していたら、どんどんハマっていった――というのが3年前ぐらいです[※取材は2023年2月に実施]。もともとは水族館が好きなだけで、写真についての興味も知識も全然なかったのに。

SNSとしては、インスタグラムを中心にやってみましたが、馴染みがないことと使っていくうちに拡散性がそこまで強くないということがわかったので、より馴染みのあるTwitterを中心に使うようになりました。Twitterを本格的に動かしたのは、たぶん2021年の3月くらいからです。

「アカウントを大きくしたいな」とは漠然と思ってましたけど、何か戦略を練るようなこともなく、始めた当初も「水族館で撮った写真を毎日上げる」ということを純粋にやっていました。それを続けていたら、何かのタイミングでバズったんですよね。それでフォロワー数が伸び、「水族館の文化を残したい」「魅力を広めたい」という思いを叶えるための水族館写真家の道が次第に見えてきたんです。


サカナに興味が湧いたのは、幼少期から両親にたくさん水族館に連れて行ってもらったこともあるのですが、祖父が北海道の利尻島で漁師をしていて、物心ついたときから毎年、利尻の海で遊んだり船に乗せてもらったことも大きな理由だと思います。海や魚がすごく身近にありました。根本的に、水棲生物とか水族館とか、そういう属性のものが好きだったんです。

とはいえ水族館就職を夢に掲げるほどではなく、高校の時は特別夢もなかったので、昔から好きだった水族館とLEGOを掛け合わせて「水族館を建てたい、デザインしたい」となんとなく進路を決め、大学の建築学科に入りましたが、講義で取り上げられた厳島神社を通して民俗学に関心が移り、博物館の学芸員になりたいと思って他大学に編入したんです。学芸員課程を取って勉強している最中に、恥ずかしながら水族館や動物園も博物館の一種だということを知りました。

そこからしばらくの間「水族館って、わりとエンターテインメント施設と思われがちだけど、本当は博物館としての役割があるということを広めたい。エンタメ施設という認識が続いたら、いつか飽きられてしまった時に終わってしまう」という謎の焦燥感に駆られ行動するようになりました。

当時在籍中の大学から飼育員になるのは無理だと思ったので、広報や運営の仕事で水族館に関われないかを考えました。やっぱり水族館を後世に残したい、楽しいだけじゃないっていう思いのもとで。まあ、今思えば真面目すぎる考え方だったなとも思うんですけど（笑）。

ただ水族館方面の就活はうまくいかず、紆余曲折を経て地元で働くことにしたのですが、そこは金銭面とアクセス的な条件がいい会社だったから決めた、という感じでした。しばらくは、そこで働きながら水族館の写真を撮り続けていましたね。

Ｔｗｉｔｔｅｒでの活動を続け、度々バズっていたこともあり、大変有難いことに著書『日本の美しい水族館』を作るきっかけをいただいたのですが、働きながら本を作るのはとても大変でした。写真を撮りに行くため、かなり無理を言って休みを作ったりしていたので……。何はともあれ、本は無事に刊行。ありがたいことに好調だったこともあって、写真関連のお仕事もいただけるようになったので、会社を辞め、写真家としての活動をベースにすることにしました。

それで今がある、という感じです。まだまだこれからではありますが。

■水族館撮影の楽しみ

僕の場合、初めて行く水族館へ写真を撮りに行くときは、「今日はこれを撮る」とか目的を作るのではなく、純粋なワクワク感を大事にしています。

水族館に行って、1周目は「写真を撮りたい」という意識を置いておいて、純粋に水族館を楽しみながら撮っていきます。そこで「撮りたいな」と思った生きものや空間があったら、あらためて2周目で集中的に撮りに行く。3周目ではレンズ変えて、別のアプローチで撮る――みたいな感じで、その日に行ってみてから、撮りたい写真を撮るという感じがほとんどです。

1周目で使うのは、やっぱり広角レンズが多いですね。記録用に広いエリアを1枚に収めておきたいと思っているので。水族館撮影を始めた当初は、本当に全エリアの全水槽を引きで撮って、魚名板も全部iPhoneで撮る、みたいなことをしてました。水族館を完全に記録するっていう意識でしたね。今はそこまでしてませんが。

写真を始めてしばらくは、RAWの存在を知らなかったんです。僕より先に水族館の撮影を趣味にしてSNSに上げている方がもちろんいるわけですが、そういう方のお写真を見たとき、「これどう見ても撮ったそのままの写真じゃないでしょう」と思ってて。「どうやったらこうなるんだろうな」って、漠然と疑問を持っていました。普通に編集しても、こう綺麗にはならないよね、みたいな。

調べてみたらRAW現像というものがあることを知って――それが大きかったですね。RAW現像をやってみて、手探りでパラメーターを調整してみました。現像しているだけなので、撮影の腕が上がったわけではないですけど、気持ち的に、ただ記録するところから一つ上のステップに上がったな、と感じたのはこの時でした。

ただ、撮る前に写真の出来上がりをイメージすることは、ほぼないです。お気に入りの被写体を見

銀鏡さんが、アクアマリンふくしまで撮影した、美しいバショウカジキの写真。飼育が非常に難しく、2023 年 3 月現在の時点ですでに同館では展示されていないため、遊泳する姿をとらえた写真は非常に貴重。カメラ本体は LUMIX DC-G9 で、これに LUMIX G 42.5mm ／ F1.7 ASPH. のレンズを装着して撮影された。（撮影：銀鏡つかさ）

つけて、最初はパシャパシャと普通に撮って、そのうちどうしても撮りたい瞬間やパーツが見つかって長い間生きものたちと対面する。なので撮影しながら観察する時間があるんですよね。その生きものが、どういう行動をするのかみたいな。

よく見ていると、その生きもののルーティーンが分かったりするんです。パターンが見えたら、方向転換する瞬間だったり、特定の照明下に来るときだったり、気に入った背景のときだったり、ポイントを決めて撮ってみます。行動を観察しながら、可能な構図、撮りたい構図を決めて、ずっと待つみたいな感じですね。まあ、ルーティーンが見えないサカナももちろんいるんですけど。

長い時間ネバったわりに一番気に入ったのは序盤のカットだったりすることも結構あるんですよね。一つの水槽に3、4時間費やすこととか普通にあります。

それはもう執念ですね。どうしても綺麗に撮りたいから。

あとは純粋に、その水槽で撮りたい。例えば自然光が入る水槽とかだと、その日のうちで光の入る時間帯が限られているので、もう可能な限りその水槽に時間を使うみたいな感じです。自然光が入るのって大水槽であることが多いので、その水槽の中で、「いいな」と思った動きをする生きものだったり、好きな生きものだったりを、日が沈むまで撮り続けます。それで満足いかないときは、もう一度晴れた日に行ってトライします。それぐらい自然光が影響する水族館は、意地でも晴れた日に行こうとしますね。もうとにかく、自然光がたくさん入る水槽が大好きなんで。

仕事ではなくプライベートで水族館に行くときだと、天気を見てから行き先を決めたりします。この地方が晴れてるから今日はこっちに行こうとか。今日は雨だから自然光の関係ない館に行こうとか。

やっぱりシャッターを切る瞬間は楽しいですね。夢中になって、気付けば2時間ぐらい経ってるみたいな感じなので。義務感を持って撮影することは一切ないです。シャッターを押してるときは、もう心が最高に楽しんでる状態。

撮影を通して、その生きものの模様や体の構造が分かったり、生態行動が見られたり、いろんなものが見えてきます。撮影には、その発見を形に残すっていう楽しさもあります。知識としてしか知らなかった行動や姿、知りもしなかった初めての瞬間に出会ったりすると、「粘ってて良かった」と、とても幸せな気持ちにもなります。そしてこれを酸素タンクも背負わずに誰でも気軽にできてしまうのがやはり水族館の大きな魅力です。

生きものを知って、それを形に残す。その二つが噛み合う瞬間を知ってしまうと、水族館撮影はやめられなくなりますね。

■水族館撮影のテクニック

水族館は暗いことが多いし、動物だからよく動くし、撮影環境的にはとても難しい場所です。でも、水族館でサカナを綺麗に撮るポイントは、すごくシンプル。

水槽を介して撮る生きものは、水平・垂直が絶対。これだけです。水槽のアクリルを前にしているなら、アクリルと被写体に対してカメラを真正面に置いて撮ること。一部例外もありますが基本的に水平垂直に対して角度をつけないというのが、歪《ゆが》まない写真を撮るコツです。

これが一番基礎であり、一番大事なことなんですけど、一番難しい。どうやって水平・垂直の角度をつけないようにするかというと、カメラと被写体の位置関係を目視で確認する。つまり感覚に頼るしかないからです。

円柱や丸形の水槽とか、アクリルに丸みがついている水槽についても、同じく水平・垂直が基本です。円柱型については、円の真ん中辺りにいるサカナは、そもそも狙いません。アクリルの近くに来た子だけを狙うんです。奥にいる子は絶対に歪みますからね。大水槽の奥の方にいる子も、水の厚みがあってぼやけたりするので、やっぱりアクリル面に近い子を狙います。

これが海獣になると、環境が全然変わります。サカナは完全に水の中ですけど、海獣は陸に上がったりもするので。陸上と水中では、撮影状況の縛りが全然違って、陸の方が遥かに簡単です。展示場にもよりますが陸だと前を遮るアクリルがないことも多いので、角度もつけ放題。

となると、もうコツというよりセンスというか。縛りはなくなるけど、縛りが一気になくなりすぎて逆にとても難しくなるという。あと海獣の方が大きくて動きが速いことが多いですね。水中のカワウソを撮るとなったら、もう縦横無尽に泳ぎ回ってるし、なかなか難しいです。あと展示場との兼ね合いでもあるので、カワウソの撮り方、イルカの撮り方というよりは、○○水族館のカワウソの撮り方、○○水族館のイルカの撮り方みたいな、展示の仕方に沿った攻略法を見つけないといけない。

サカナの場合、水槽という環境的にはどの水族館もある程度は同じで、照明と水槽の形状が違うだけみたいな。海獣展示やイルカショーだと館によって内容も全然違うし、見る位置も違うし、スタジアムの形も違うので一概に言えないですね……そこも奥深いところなんですけど。

こんな感じで水族館写真と言っても、サカナを撮るのか、海獣を撮るのか、はたまた空間を撮るのかみたいな、被写体とシチュエーションがもう無数にあるので、まずは何を撮りたいのか、自分が水族館の何を好きなのか知っておくことが大事だと思います。

それと僕は基本的に背面の液晶モニターを見て撮っているので、それもコツと言えるかもしれません。ファインダーはほぼ使わないです。

ファインダーを覗いていると、自分が今どういう角度で撮ってるのか分かりにくいんですけど、モニターだとすごく客観的に見られるんです。モニターで見ていると、サカナとカメラの位置のバランスを外から確認できる。僕の場合、モニターすら見てないときもあります。客観的に見て、カメラの位置を生きものに合わせていくっていうのが大事。

あと、ファインダーを覗いて自分の世界に入っていると、周りが見えなくなるので、他のお客さんにぶつかっちゃう可能性があるんですよね。やっぱり公共の場ですからね、マナーは守らないと。水槽を独占しない、マナー的な面で配慮をしやすいっていう意味でも、撮影に慣れてない人は、モニターで見た方がいいと思います。

空間を撮るときとかも、絶対ファインダーを覗くより、モニターで撮った方が自由度があります。

カメラを高く上げても、モニターを下に向ければ確認できるし、床ギリギリにつけて撮ったりすることもできます。純粋に視野が広がるので、個人的にはファインダーよりモニターをおすすめしますね。

それから水族館は暗いので、明るいレンズを使うのが基本です。僕の場合、F2・8でも暗いと思ってます。やっぱりF1台のレンズを使うと撮りやすい。被写体ぶれは、もうしょうがないですね。被写体に合わせてブレないギリギリのシャッタースピードを設定。時には生きものの動きにカメラを合わせて軽く流し撮りのようにしてシャッタースピードを節約。あとは感度を上げて何とかする、という感じでしょうか。

館の中には暗くないところもあるので、最初は無理に暗いところで撮らない方が、精神衛生上いいですね。成功体験をしていった方が楽しくなるので、あと早く動いたりする難しい被写体を最初から狙わないっていうのも大事かなと思います。

(――数年の短期間で、テクニックをどうやって身に付けたか)そうですね……純粋に写真を見る目が厳しいんじゃないかと思います。人の写真を厳しい目で見たりはしないんですけど、自分の写真だと、ちょっとピントが合ってないとか、ブレてるとか、歪んでるとか、そういうのがどうしても許せなくて。「これ、どうにかならんのか」みたいなことを、ずっと考えるんです。歪まずに撮れるいろんな方法を試行錯誤して……。誰よりも自分が好きな写真、自分が見て最高だって言える写真を撮りたい。そのための試行錯誤は、物凄くしてきましたし、今もしていますね。

撮影について人に教えてもらったことは一切ないです。ただ、水族館を記録するぞってカメラを持ったときから、自分の写真ｖｅｒの訪問園館の魚名板を作りたいって思いがあって、訪れた水族館では興味の有無にかかわらず、時間の許す限りすべての生きもの撮っていた時代がありました。

その経験を経てから、「水族館で撮れない生きものはもうないんじゃないか」っていう謎の自信がつきました。修行と思ってやってたわけじゃないんですけど、そういう試練みたいなことを経て今があるのかなと、ちょっと思ったりします（笑）。

写真が撮れたときの喜びだったり好きな写真って、人によって違いますよね。ブレててもかっこいいと思える写真が撮れたら、その人にとってはそれが良い写真になるし。特に動きがなくても、もうバチバチにピントが合ってる方が嬉しいっていう人もいるし。他の人から見たら何の変哲もない写真も自分にとってはお気に入りの一枚ってこともある。写真という結果だけではなく、その写真が撮れるまでの過程が充実度に密接にリンクしてると思うんです。

なのでもうそこは個人の価値観なんですよね。だからこそ、自分の好みを知ることが大事。自分の写真を大好きになれるように、自分が自分の写真のファンになるのが大事というか。人と比べないで、周りに左右されずに撮ること。そうすると、すごく楽しくなるので。別に撮影にかかわらず、クリエイターには通ずる気もします。こんなこと言ったらナルシストに思われるかもですけど、僕は自分が自分の写真の一番のファンと胸を張って言えます。

■使用機材の変遷

水族館撮影を本格的に始めた頃に使いだしたカメラが、パナソニックのLUMIX DC-G9です。マイクロフォーサーズのカメラで、（撮像素子の面積が）フルサイズカメラの4分の1なので、暗所に強くないんですよ。だから水族館撮影には、あまり向いてないと思われがちで。ただ重くて持ち出すのが嫌になったら元も子もないなと思ったので、小さくて軽いマイクロフォーサーズのカメラを選びました。

もう見事に沼にハマりましたね。

それから『日本の美しい水族館』の話をいただくまで、ずっとこれを使っていました。なので本当に撮影のきっかけをくれたカメラでもあり、水族館撮影を仕事につなげることができた、思い入れのあるカメラです。

最初に買ったレンズはいわゆるパナライカと呼ばれているものでした。完全にライカというブランド名に惹かれたからなんですけどね。単焦点15ミリ／F1・7（LEICA DG SUMMILUX 15mm／F1.7 ASPH.）で、ブログの最初の方の記事はほとんどこのレンズで撮影していました。

フルサイズを常用するようになってからも、やはりマイクロフォーサーズは手離せないなと思い、最近はOM SYSTEM OM-1を導入しています。

銀鏡さんが本格的に水族館撮影を始めた頃に手に入れたパナソニックLUMIX DC-G9（右）と、ニコンのZ6（左）。このときDC-G9には、水族館の水槽と接触したときの防護策であるラバーフードが装着されていた
（撮影：大久保徹）

『日本の美しい水族館』の話をいただいたとき、「印刷物になるなら、やはりフルサイズだよね」と思って、ニコンのZ６Ⅱを買いました。ただ「新しい機材で、より綺麗な形で作品を残したい」という思いと、「自分をここまで連れてきてくれた愛着のある機材で走り抜けたい」という、両方の気持ちがあって……なので１台のカメラじゃなくて、途中までＬＵＭＩＸを使って、途中からＺ６Ⅱに変えました。途中から完全に入れ替わってるんです。

Ｚ６Ⅱは書籍の完成後に壊れてしまったので、修理に出しているところです。その代わりとして、臨時的にニコンＺ６を使っていて、今日も持ってきました。

実はＺ６Ⅱが壊れたのはモニターなんですよ。それで、しばらくファインダーを使って撮っていたら、結果としてモニターでもファインダーでも撮れるようになりました。今、動物園なんかは、わりとファインダーで撮る場面が増えました。

さらに実は最近、機材を一新しまして、ニコンＺ９を導入しました。今後はＺ９とＯＭ-１をメインにして、修理から帰ったＺ６Ⅱをサブ機として使う予定です。

レンズについては、個人的に使い勝手がいいので、基本的にほぼ単焦点です。今ＬＵＭＩＸ ＤＣ－Ｇ９についているのが、42・5ｍｍ／Ｆ1・7（ＬＵＭＩＸ Ｇ 42.5ｍｍ／Ｆ1.7 ＡＳＰＨ.／ＰＯＷＥＲ Ｏ.Ｉ.Ｓ.）です。なかなか聞き慣れない焦点距離ですが、フルサイズ換算で85ミリなのでいわゆる中望遠レンズです。めちゃめちゃ愛用しました。これにラバーフードを取り付けています。水族館のアクリル水槽にプラスチックのフードをくっつけると、アクリルが傷つくので、生きものに寄りたいときとか、マクロレンズとかの寄るレンズのときには絶対これをつけてます。こうすると仮にレンズが水槽に当たっても、アクリルに傷がつかないんです。まあ、緩衝材という意味だけでなく、このまま水槽にベタ付けすると、周りの光が入らないので、映り込みが消える、そういう意味でも水族館撮影にだいぶおすすめのグッズですね。全種類のサカナを撮ろうとしてた時も本当にお世話になったレンズです。

　このレンズで死ぬほどたくさんのサカナを撮ってきました。

ニコンＺ６についているのが、14－24ｍｍ／Ｆ2・8（ＮＩＫＫＯＲ Ｚ 14－24ｍｍ ｆ／2.8 Ｓ）ですね。これもニコンの純正のレンズです。『日本の美しい水族館』の空間写真は、もうほぼこのレンズでしたね。

水族館はやっぱり、僕が写真を撮り始めた原点であり、幼少期から大好きな場所であり、現在進行形で仕事になっている大切な場所です。水族館でずっと撮り続けたいっていう思いはありますね。日本の水族館には100館くらい行っているので、世界の水族館がどんな感じなのかも見てみたいです。最終的には海に潜りたいなとも思ってます。やっぱり、水族館がきっかけでいろんな生きものを知っていくと、実際に住んでる環境で見てみたいなっていう思いが、知れば知るほど、強くなってきたので。水族館をライフワークとしながらも、本物の野生をいつか撮りたいなっていう気持ちは、ここ最近芽生え始めてきましたね。まあ、水中で撮影するためには、また倍ぐらいお金かかるので大変なんですけど（笑）。

【プロフィール】
しろみつかさ：1994年東京生まれ。水族館写真家。大学時代に水族館に魅了され、全国の水族館を巡り始める。その様子を記録するためにカメラを購入するも、徐々に写真撮影の魅力にも取り憑かれ、2020年から本格的に水族館の撮影を開始。Twitter（@tsukarium）で写真を軸に水族館の情報発信を行い続け、フォロワー数4万5千人（2023年3月現在）を超える人気写真家に。2022年9月に初の著書『日本の美しい酔族館』（エクスナレッジ刊）を上梓。2023年にAQUARIUM×ART átoaで初の個展を開催。

義務感を持って撮影することは一切ない
シャッターを押しているときが最高に楽しい

――銀鏡つかさ

漫画の人

椙下聖海

［『マグメル深海水族館』著者］

深海魚を描くという楽しみ、難しさ

『マグメル深海水族館』
新潮社刊
単行本既刊８巻
（2023年３月現在）

ＷＥＢ漫画サイト『くらげバンチ』で連載中の『マグメル深海水族館』は、主人公の青年、天城航太郎が深海生物の飼育員を目指す、深海にある水族館を舞台としたストーリー。人×深海生物×水族館をテーマにした、本作ならでは生きもの模様は、漫画の新たな領域を開拓しているとも言えるだろう。著者の椙下聖海さんにお話を聞き、制作の背景や深海魚を描くことのストーリーを探った。

■〈深海生物の漫画〉が生まれるまで

小さい頃から生きものが好きでした。

幼少期には昆虫や爬虫類が大好きで。その延長で動物園も物凄く好きでしたし、家の近くに海があったりもしたので、必然的に海の生きものも、身近に感じていました。水族館も大好きで通っていたわけではなく、生活している上で普通に足が向く存在だったというか。

小学校の頃、父親が『海底二万里』〔※ジュール・ヴェルヌ著〕の本を買ってくれたことがあります。お話の中に、おそらくダイオウイカをモデルにした海の怪物が出てくるんですね。それはすごく印象に残っています。

母が大きな海水魚の図鑑も買ってくれました。そこにソラスズメダイが載っていたんですね。体が青くてお腹が黄色いサカナなんですけど。それをペットボトルでつくって、自分の水族館をつくるみたいな工作を小学校のときにやっていました。その図鑑は本当にボロボロになるまで読んでいました。

大きくなって、ダイオウイカを世界初撮影したNHKの番組〔※『NHKスペシャル　世界初撮影！　深海の超巨大イカ』／2013年放送〕を見ました。番組を見て、「小さい頃に本で読んだ、あの海の怪物って本当にいたんだ」と、あの小説のことが頭に浮かんだのは覚えています。「深海って本当に面白い世界なんだ」と。私が深海生物に改めて惹かれるようになったのも、それがきっかけだったんでしょうね。

自分で深海の生きものの絵を描くようになったのも、そのダイオウイカの番組を見た頃からでした。それまでは深海に限らず、海の浅瀬の生きものなんかを描いていたんですが。小さい頃から、おサカナの絵はよく描いてましたね。

大人になってから、水族館でアルバイトを始めました。海洋系の大学に行っていたとかではなくて、純粋にサカナが好きだったからです。通っていた大学は教育系だったのですが、美術の先生になって教える立場になるよりも自分で作品をつくりたいと思ったので、バイトをしながら絵を描いていた、という感じです。

水族館のバイトをしていると、冬なんか本当にお客さんが少ないことがあって、手が空いたときに水槽を眺めていたりしていました。そうして眺めているうちに「この生きものをどういうふうに絵で描こうかな」と思うようになっていました。

そうすると絵だけじゃなくて、「何かこういう物語の中の絵として描きたいな」みたいなのが頭に浮かんでくるようになって。だから水族館で仕事をしている中で、「自分の絵を漫画にしてみよう」という考えに至ったというか――。

それまで漫画を描いたことは、本当になかったんですね。

一枚絵だけ描いていたんですけど、もともと物語を一枚のイラストにするようなところもあったから、「このまま漫画にして、描いてみようかな」という気持ちになったんじゃないでしょうか。それで物語を作り、漫画にして、自分で本にしてみたんです。

主人公の天城航太郎が、初めて飼育を担当することになったミツクリエナガチョウチンアンコウと対面するシーン
©椙下聖海／新潮社

その本を今の担当編集の方が見てくださって、メールで「海の生きものの漫画を描きませんか」というご連絡をいただき、『マグメル深海水族館』の連載につながりました。

■『マグメル深海水族館』制作の様子

最初は〈水族館〉というより〈深海生物〉の漫画を描きたくて始まった企画でした。深海生物について研究している大学生の話にしようかなって考えたりもしましたね。どちらかというと、深海のことを伝える漫画を描くのに適した場所が水族館だったという感じです。

バイトをしていた頃の経験で水族館がどういうふうに運営されているのか多少分かっていたこともあり、自分にとって描きやすい舞台だった、という面もあったと思います。バイトの中で、飼育のお手伝いをすることはありませんでしたが、飼育員さんと一緒にいることがよくあったので、お話を聞く機会はたくさんありました。

　実際に漫画のお話を作るときは、毎話ごとに監修の石垣幸二さんからアドバイスをいただいています。「この生きものは今水族館で飼育されていませんけど、飼育するとしたらどういう方法が考えられますか」といった質問をして、学びながら描いている感じです。


　マグメル深海水族館は〈東京湾にある水深200メートルの水族館〉という設定です。

　もっと普通の水族館でも良かったのかもしれませんが、せっかくなら漫画の中だからこそできることをやれたらいいな、という気持ちがあって。深海に水族館を作るのは結構難しいことだと思うんですが、漫画の中だったら実現できますから。それと自分の理想の水族館が考えたとき、やはり海の中にある水族館が一番だったんですよね。

　自分の理想の水族館を漫画にしようとしたんです。

　特に深海というのは、今のところ一般の人が簡単には行ける場所ではないので、「深海がもっと手軽に行ける場所になるといいな」という気持ちもありました。東京湾であれば、海外の人だって空港から電車で東京まで来れば、そのまま水族館に行けるっていう便の良さもあります。

　あとは、東京湾にもすごく深い海があることを知らない方も結構いらっしゃると思ったので。東京ってビルが立ち並ぶ都会なのに、すぐそこにある海を潜れば、そこに深海があるんです。深海というと遠くの世界に思われがちですけど、意外と近いんだよっていうか。

「深海を身近に感じてほしい」という意味で、マグメルの場所を東京湾にした、という感じですね。

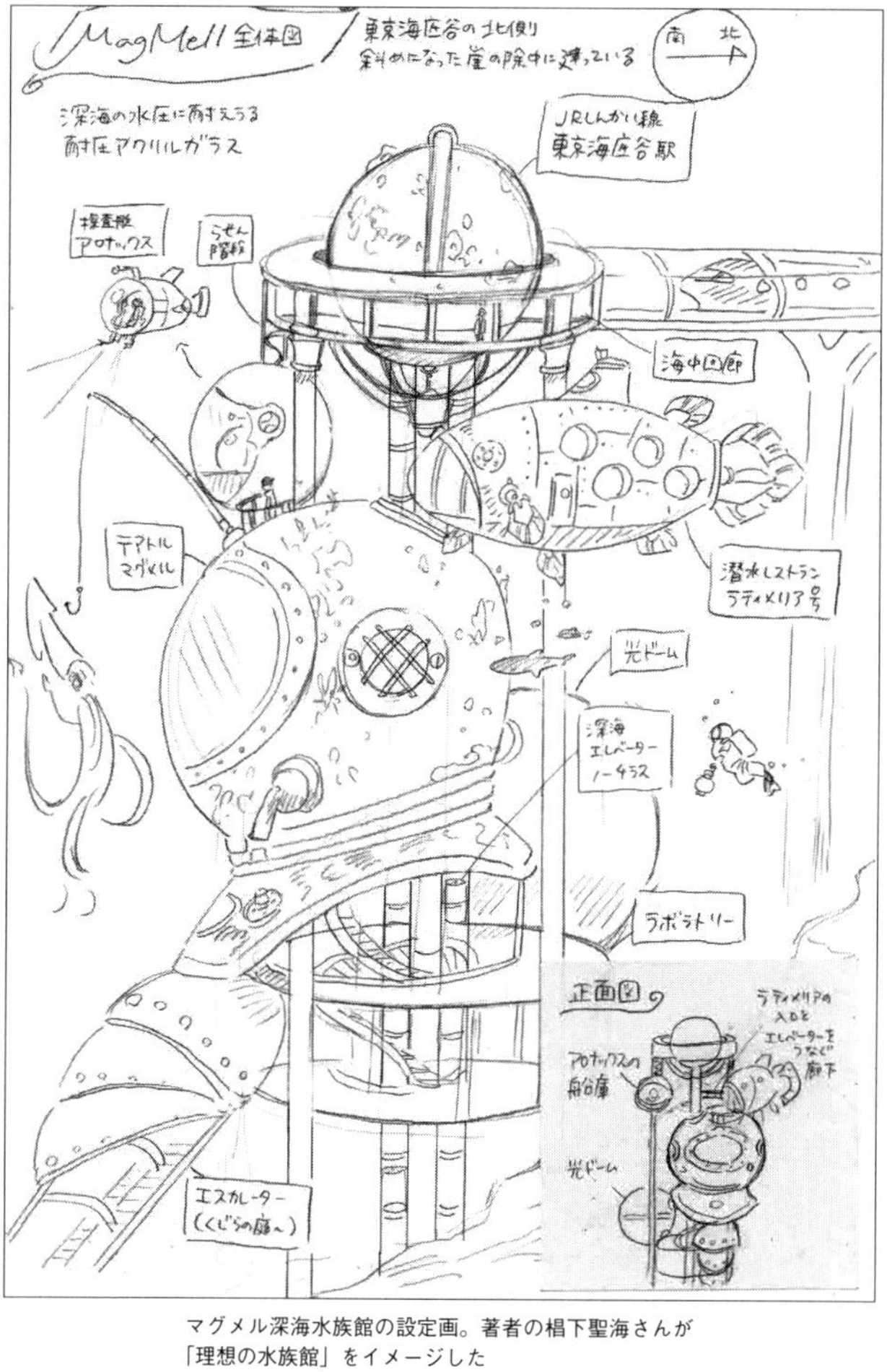

マグメル深海水族館の設定画。著者の椙下聖海さんが
「理想の水族館」をイメージした
©椙下聖海／新潮社

またマグメルは、ちょうど深海と呼ばれるようになる水深200メートルのあたりにあります。水深200メートルって、本当に太陽の光がギリギリ届くか届かないかぐらいのところなんです。もっと深いところだと、真っ暗すぎて何も見えなくなっちゃいますからね。あとは、（漫画の中で）この水族館を訪れる人にとっても、漫画を読んでくれる人にとっても、深海の入り口になるような場所になるといいなっていう気持ちもあります。

そうやって深さ200メートル付近という設定ができました。

『マグメル深海水族館』は、基本的に一話につき一つの生きものを取り上げてお話にしています。生きものの選び方は、そのときによっていろいろですね。水族館や図鑑を見ているときに、「この生きもので、こういう話を描きたいな」って思ったり。『マグメル』に登場するキャラクターたちの生きざまに寄り添えるような生きものがいたら、その生きものの生態と、その人の生き方をリンクさせて話が描けるかなって考えたりもします。

だから、「こういう生きものを描きたい」という場合と、「このキャラクターのお話を、この生きもので描きたい」という場合の、二つのパターンがあります。

物語の中には、今の水族館に展示できない生きものもたくさん出てきます。チョウチンアンコウとか、アカマンボウとか。実際の水族館に行っても、まだ見られない深海生物はたくさんいるので、やはり漫画だからできる〈水族館の生きもの〉を描いた方が、意味があるかなと思っていまして。自分自身が「水族館で見られるといいな」と思う生きものを選んでいる、というところもあるかもしれません。

水族館を描く難しさという意味では、飼育している生物の生と死みたいなところがどうしても出てきてしまうところでしょうか。それはどう考えても解決しないというか、答えが出ないものだとは思うのですが……。水族館って、海の生きものを生かすための施設である一方で、そこにレストランがあったりして、生きものたちをお料理にして食べるという、一種の矛盾のようなものがあります。

同じ場所の中に、そういう生きものと人間の関係があるというのは、どうしても考えざるを得ない問題です。そこはこの先の話になりますが、（主人公の）航太郎くんも悩むときが来ると思うんですよね。『マグメル深海水族館』は、航太郎くんがどういう飼育員になっていくのかっていう話なのかなと思っているので、水族館の話を描くにあたって、この先そういうことにもう少し踏み込まなければいけないな……とは思っています。

■水の生きものの描き方

サカナを描くポイントですか？　私も迷いながら描いてるところではあるんですが……。でもやっぱり、なるべく本物を見るっていうのが大事なのかなと思います。サカナたちは水の中で生きてるのが普通なので、水の中の様子を見るのと見てないのとでは、その生きものに対する印象や見方がだいぶ変わってくると思うんです。

泳いでいるところを見れば、「こういうヒレの動かし方をするんだ」とか分かりますけど、図鑑や写真だけで、それは分からないので。動き方が分かると、描き方も変わってくるんじゃないかな……と思います。

でも深海生物になると、実際に見るのがなかなか難しいんです。絵を描くときにも、だいぶ支障がありますね。世界中で生きものを撮影してくださってる方の写真を見たりして、何とか頑張って描いているんですが。

実際の大きさが分からないのは特に困っています。写真だと拡大されているので、実際の大きさがよく分からないんです。水族館で初めて見て、「こんなに大きいんだ」「こんなに小さかったんだ」と思うことは、いまだに結構あります。やっぱり実物を見られたら一番いいんですけど、どうしようもないですね。なるべく間違いがないようにしたいとは思っているんですが。


生きものを漫画として描くときに難しいのは、リアルに描きすぎても良くないし、あまり砕けた描き方をしてもリアリティがなくなったりするところです。図鑑みたいな絵にならないように注意していますね。

やっぱり水槽や海の中で生きてるものを描いているので、読んでいる方に生きものが動いてるように見えてほしい、というのがあって。そういう意識は常に持っています。伝わっているかどうかは、ちょっと難しいところではあるんですけど。

深海生物の場合、本当に動かないように見える生きものもいるんですよね。でも、やっぱりちゃんと生きている動物だし、動いてないように見えて少しは動いてたりするので、「そこに命を持って動いている動物がいる」という意識を持ちながら描くようにはしています。

そこが一番難しいところかなと思います。

■深海生物の魅力

子どもの頃からずっと動物が好きだったというのもあって、深海生物が特別に魅力的というふうに思っているわけではないんです。本当に動物全般が好きなんですけど、特に深海生物が他の生きものと違うところと言うと、「まだ分かっていないことが本当に多い」というところでしょうか。「分からないからこそ、もっと知りたくなる」というか。そこが魅力ですね。「こんな生きものいたんだ」ということがいまだにありますから。これって地上の大型の生きものだと、なかなかないことだと思うんです。新たに発見される大型の生きものは、海の中の生きもの特有な感じがしています
新しいものを見るとワクワクする気持ちって、皆さんの中にも結構あるんじゃないかな、とも思いますね。
前にインタビューで「水族館で一般的に可愛いとされている動物は（漫画に）出さない」というお話

をしたことがあるんですけど、それはまあ、可愛い動物を描いてる方は他にたくさんいらっしゃるので、いいんじゃないかなと思っているのかもしれないですね。それより、深海の生物の生態を詳しく知れる漫画の方が少ないし。あまりスポットライトが当たっていないようなものを描いてこそ、意味があるのかなと。

特に深海生物って、暗いところにいたり、すごく寂しいところにいたりするイメージがありますよね。そういう深海の生きものたちを肯定することが、社会の中で孤独を感じている人のことも肯定する意味にもつなげたい――という気持ちもあるかなと思います。

(――好きな水族館の過ごし方は)漫画を描き始めてから、わりと業務的に見てしまうんですよね。例えば資料として写真を撮ったりとか、館内のお客さんの様子を見たりとかしちゃうんです。

でも、それを抜きにして楽しめる瞬間というのもあって、一つの水槽の中にいる一匹にずっと注目して見るっていうのは結構好きです。「なんだか延々と見ていられるな」という感じがして。広い水槽の中にいるその一匹がどういう動きをしてるのか注目していると、何時間でもずっと見ていられます。それが好きな過ごし方ですね。

やっぱり水槽って本当に飼育員さんの努力の結晶だと思うんです。今は本当にどの水族館も綺麗なので、館全体の景色を見るだけでもいいんですけど、生きものに注目すると、より楽しめるかなと思います。■

【プロフィール】

すぎしたきよみ：2017年、新潮社の漫画雑誌『ゴーゴーバンチ』で『マグメル深海水族館』の連載をスタート（2018年にWEB漫画サイト『くらげバンチ』に移籍）。魅力的なキャラクターたちと深海生物が織りなす物語が人気を呼び、単行本は最新8巻を刊行（2023年3月現在）。他に『ヤングキングアワーズ』誌で『馬姫様と鹿王子』を連載中。

水槽や海の中で生きてるものを描いてるので、
「生きものが動いている」ように見えてほしい
常にそういう意識を持っています

――相下聖海

小説の人

木宮条太郎

［『水族館ガール』著者］

小説を書いて見えてきた水族館のこと

『水族館ガール』
実業之日本社刊
９巻完結

水族館を舞台としたお仕事＋ラブコメディ小説『水族館ガール』は、２０１６年にＮＨＫでドラマ化もされて人気を博し、２０２３年発表の第９巻でついに完結を迎えた。『水族館ガール』は、ラブコメというキャッチーな面を出す一方で、水族館の内側を生々しく描く筆致は実に骨太であり、綿密な取材の跡が見て取れる。その著者、木宮条太郎さんにお話を聞くと、水族館の意義や展望について強い気持ちを持っていることが分かり、その思いは生きものとの共生にまで及んでいた。

■『水族館ガール』に至るまで

私は兵庫県の出身で、まあはっきり言って田舎でした。周りが田んぼばっかりというところで、ザリガニ釣りとか、どんこ釣りとかやって育ったという感じで。都会に出たのは大学に入ってからの話でして。大学に入って、初めて電車に乗ったくらいの感じです。

出身は兵庫の山の方で、上水道はありましたが、下水はさほど整備されていなくて、トイレも汲取式でした。都会に出たら下水がしっかり整備されていたので、「えらいもんだな」と思いました。そんなだったから、都会の方の〈スローライフの田舎〉に憧れを持つ気持ちがまったく分からなくて。田舎は閉鎖的なところもありますからね。私自身、都会に出たときは解放感みたいなものに浸りましたね。

地元はわりと海から離れていたので、夏に時間が取れたりすると、車で2時間ぐらいかけて海水浴に行っていました。田舎なんですけど海は見られないから憧れがあったんでしょうね。内陸育ちの人だと似たような感覚があると思うんですけど、潮のあの独特の匂い嗅ぐと、なんかもう別世界に来たような気分に浸っちゃうんですよね。それだけで嬉しくなってしまうというか。そのせいもあって東京で会社勤めしていた頃、わざわざ海沿いに住んでいたこともあります。

2006年に、『時は静かに戦慄く』［※新潮社刊］で小説家としてデビューしました。サスペンスホラーということになりますが、当時はホラーブームでしたからね。ホラーかミステリー以外、文壇に出る方法がなかったんです。仮に当時『水族館ガール』を書いていたとしても、出す場所がなかった。

『水族館ガール』でかなり作風が変わったとは、よく言われます。でも、『水族館ガール』の題材自体は、デビュー前から持っていたものです。会社を辞めて、小説家の下積みをしていた時代に、いろんな題材を書きまくっていたことがありました。そのときにいろんな業界を調べてみたんです。

地元にあった須磨海浜水族園の広報誌だったと思うんですけど、「水族館というのはいろんな工夫を凝らしているんですが、何をやっても〈自然〉にはなれません。あくまで擬似自然なんです」といったことが書かれていました。これに結構ショックを受けまして。最初はね、えらい自己卑下だなと思ったんです。

どの仕事でも、「自分の仕事は世の中に欠かせないものだ」と言いますよね。私がやっていた金融の仕事だったら、「金融は産業の血である」とか言ってたんですよ。友達なんかは教師をやってますけど、「子どもたちの無限の可能性を未来に開く」なんて大義名分を言っているし、小説家だったら「人々の知的好奇心を云々かんぬん」と言ってみたりします。

まあ皆さん、そういうことを言うのが普通なんですけど。

でも、その水族館の人は、「自然にはなれませんから」と書いていて、まあ当たり前っちゃ当たり前なんですけど、そのときに「へえ」と思って、ちょっと調べてみたんです。

そしたら、またショックを受けるような話がいろいろ出てきて。

私の地元の水族館はアカデミックな方針で運営されていて、他の水族館ではイルカに愛称をつけていたんですけど、この水族館では記号で呼んでいたんです。アルファベットと数字の組み合わせでした。このことは『水族館ガール』にも書きましたが、まさしくあれは事実だったんですね。

はっきり言って覚えにくいので、「なんでそんなことするのかな」と思っていました。で、また同じようなスタッフの方が書いたコラムがあって、「私たちはイルカをペットにしたくない」と書いてるんですよね。だからあえて記号で呼んでいると。それを知ったときに、物凄く職人臭さというか、プライドみたいなものを感じたんです。

今まで覚えたことのない職業倫理でした。そこで興味を持って、資料を集め始めました。それから数年が経った頃、また地元の水族館がテレビで取材されていました。それが、ちょうどイルカの子どもが命を落とした後ぐらいで。まだ若い女性のスタッフでしたけれど、そのときのことを語りながら、あくまでも職人的に、「私たちは飼育技術者として皆さんに生き物の生態を知ってほしいので……」と説明しているところで、ぽろっと涙がこぼれたんですよね。で、ますます興味が湧いてきました。イルカというよりも、スタッフの方に対して。

その水族館は昔ながらの博物館的なスタイルを突き通そうとしてて、ある意味孤高の存在としてやろうとしていたんですね。それ見て、胸の中に期するものがありました。「ああ、これは書きたいな。書くべき話だな」と。それで、小説にまとめようとしていたときに、(『水族館ガール』版元の) 実業之日本社さんからお話をもらいました。

ですから別に、急に方向転換したわけでもなくて、水族館というテーマは下積みの頃から持っていて、なおかつ書きたかったわけです。

付け加えると『水族館ガール』の前の作品は、ホラーやサスペンスですが、どれも業界独自の職業倫理をもとに〈職場〉を描いているんです。ホラー作品もサスペンス作品も職場をテーマにしていて、『水族館ガール』ではそれがラブコメディになったわけで、実は根っこのところは一緒なんです。

■昔の水族館、これからの水族館

水族館のことを調べるときは、現場の人に意見を聞くこともあれば、文献を調べたりもします。ただ、ちょうど水族館のことを調べていた時期に、インターネットが普及し始めましたが、その頃はどの水族館もメールマガジンなんかで情報発信をしていたんですよ。あまり写真を使うとデータが重くなってしまうので、テキスト情報が中心でした。それまでは来館者用の広報誌ぐらいしかなかったので、新しい情報発信のルートでしたね。

メールマガジンでは、いろんな水族館が自分の考え方を発信してましたよ。「私たちはこう考えます」みたいな具合で。

当時の水族館では、経歴が不思議な人にも会いました。地方公共団体が直営的にやっていた頃からいる人なんかは、要するに市の職員なんですよね。そういう人が管理職にいて当たり前。「子どもの頃から水族館に就職したくて、専門学校に通って、今の職に就けました」という人ばかりじゃなかったんです。

美術史を専攻していたという面白い人もいました。「美術史の人が水族館とどうやってつながったんだろう」と思ったんですけど、つながりはあったんです。その人は博物画をやっていたんですね。江戸時代に生きものの図鑑みたいなものが出版されていて、もちろん写真はないので博物画と言われる絵が描かれていたわけです。その博物画の研究というところで、生きものと接点があったようです。今の水族館だとそういう人が採用されたりするのかな、とは思いましたね。

そうやっていろんな人たちがひしめいていましたから、当時の情報発信の中にも、いろんな考え方が書かれていました。そのときにたくさん見たり聞いたりした話が、今の私のベースになっています。それは水族館に関する考え方というか、感じ方の部分ですかね。「ペンギンが可愛いですよ」「クラゲは癒されますよ」といった話じゃない、その頃ならではの資料が、一種の宝物になっています。

当時、「水族館はあくまでも博物館の一種だ」と、そうプライドを持って発信している情報をたくさん見ました。「そのスタンスを失ったら、お客さんにいっぱい来てもらっても意味がないだろう」と。「自然への興味を喚起して、水族や海の環境に興味を持ってもらう。そのステップになるならともかく、『可愛いね、綺麗だね』で終わったら意味がない」みたいなことを、平気で言う人がいっぱいいました。水族館の皆さんがジレンマを自覚して、このやり方でいいんだろうかと悩みながらやっているのが、すごく伝わってきたんです。

『水族館ガール』は、その頃のスタイルをベースに書いているので、ひょっとするとこの本の中の水族館は昔の姿かも分かりません。今、中で働いている方がどう考えているのかは、はっきり言ってよく分からないです。私は外部にいて、題材として水族館の世界を書いてる人間ですからね、言ってみればよそごとです。

でも、よそごとながら、「大丈夫かな?」と思うことはあります。お客さんに来てもらって入場料をもらったり、いろんな収入源をつくったりして、何とか運営を回していくわけですから、綺麗事だけで回らないのは分かっています。その一方で、根っこの部分というか、水族館の存在意義みたいなものが、昔と比べて見えづらくなったなとは感じています。

生きものを見て純粋に「可愛い」と言う人って、たぶん次の瞬間には「かわいそう」と言うんです。だから、水族館としては、「綺麗だよ、可愛いよ」という文句を謳う一方で、根っこの部分を育んでおかないとまずいんじゃないかな……と、本当に余計なことながら思うんですよね。そのあたりの自分なりの思いというのは、『水族館ガール』の最後の9巻でやっと描けました。

結局はバランスだと思うんです。

博物館と言っても、専門家のために開示している施設ではなく、あくまで一般大衆向けの施設です。当然、たくさんの人を惹きつけないと意味がない。だから演出的な見せ方の部分は絶対あるはずなんです。ただ見せることだけに腐心すると、そのうちバーチャルなものだけになってしまうような気がしていて――今、バーチャルリアリティの世界は物凄い速度で進んでいますから。

そもそも「水族館はエンターテインメントなのか、博物館なのか」という議論は明治の頃からされていて、その頃に出た答えが、「面白くてためになる」というキャッチコピーになっています。だから、やっぱり〈博物館〉も〈エンターテインメント〉も両方必要だと思うんです。無関心の人を引き寄せるための演出は絶対要ります。ただ、それだけになるとサーカス団になってしまう。だから、「ためになる」の部分も要るはずなんです。『水族館ガール』を書いていたときも、一般の人に知られていない、「ためになる」の部分に光を当てていこうとはしていました。

今の水族館の中にいる人は、きっと水の生きものにめちゃくちゃ詳しいですよね。どちらかというと理系脳で博物・生物学寄りの人が大半だと思います。でも、極端なことを言うと、世の中には「水族館は動物を閉じ込めているところ」と言う人もいるのですが、そういう人たちは自然科学ではなく、〈価値観〉に寄っているんじゃないかなと。

価値観に寄っている文系的な世界って、無理やり答えを出してしまうところがあります。政治学にせよ倫理学にせよ、それぞれの人が「この解決策が正しい」と言うし、それはそれで必要な学問なんですよね。それが自然科学の世界になると、事実と意見を切り分けるから、「そんなことは分かりません」と言える世界なんです。私のイメージで言うと自然科学というのは、分からないことを分からないと言える学問です。

最近の自然や生きものに関する論調は、価値観寄りだなと思います。「こうしなきゃいけない」があるから、自然に対する知識や感覚に乏しくても、どんどん押し切っていくところがある。自然科学の専門家も、「（価値観で押してくるのは）分かってない人だから」で済ませてしまう感じがある。でも世間の論調がもっと強くなって、実際の圧力がやって来たとき、そういう態度で水族館を守れるんだろうか……という心配はあります。

■水の生きものを見る意義

水族館には絶対に意義があると思っています。

自然保護を考えるにしても、人間ってやっぱり知らないものに対して「守りたい」という気持ちは芽生えないと思うんですよね。肌身で知ってるものでないと分からない。だけどほとんどの水族、特に海の水族については肌身で知る機会がありません。

海の水族と触れ合うには、まず船に乗らないといけないですよね。海の生物となると、そこからさらに潜らないといけませんが、潜水の技術を磨くためには莫大な時間が要る。とにかく自分の力で見ようとすると大変な努力が必要です。そう考えると、海の生物を間近で見ることができる水族館というのは、物凄い存在意義があると思います。

私は内陸育ちですから、海の生物に触れるのにコストがかかるということを、肌身にしみて分かってるんです。海というと、子どもの頃は親が車を1、2時間運転して、ようやく辿り着けるところでした。それも日程を組んで行かないといけない。だから内陸にいる人はたぶん海の生物なんてまず目にしないんです。

人によりけりなんでしょうけれど、よく知らない生きものを守りたいと思えることってあるのかなと思うんですね。それは魚類であっても、イルカであっても、ウミガメであっても。分かっているようで分かってないことが、たくさんありますから。

例えばイルカです。

イルカは哺乳類ですよね。みんなそれを子どもの頃に教えられて、当たり前だと思っています。哺乳類ですから魚類と違って肺呼吸です。ということはですよ、イルカは常に溺死のリスクと隣り合わせで生きてるということなんですよね。常に溺れ死ぬ可能性があるんです。

私自身そういう見方が分からなかったのですが、ある獣医さんによると、イルカのような鯨類の直接的な死因は一つしかないということでした。鯨類独特の病気でもあるのかなと思っていたら、何のことはない、溺れ死ぬんです。哺乳類なんだから当たり前ではあるんですけど、私はそう言われてとハッとしました。

海にいる哺乳類が、そういうハンデを背負ってるという話は、誰もしてくれないんですよ。そういうところが博物学の面白さだと思うんですが、館の人にすると当たり前の話だから、あえて取り上げようとしない。

別の視点で見てみると、例えば昔、ミドリガメ（ミシシッピアカミミガメ）のブームがあって、お祭りの夜店とか、デパートの屋上とかで売られていました。

でもブームが去ったとき、ミドリガメを不法廃棄する業者なんかも出てきました。ミドリガメは外来種で繁殖力が強いですから、日本古来の亀を駆逐するような状況になってしまいました。

これは生態系のことで自然科学の話になります。

今でこそ生きものを野に放つ良くないという風潮ができましたが、私の子どもの頃は、悪いことじゃなくて、ある意味善行とされていました。「放流するのは自然に返すことだから、いいことだ」というのが、自然教育みたいなものとして教え込まれていたんですよね。生態系が壊れてしまうんじゃないかと言われるようになったのは、ここ十数年ぐらいのことです。

だけど、生きものの生命を救うというのは倫理学的には正しいんですよ。命を救うんですから。ただそれを野に放つと生態系が壊れて、固有種の絶滅につながってしまう。

水族館で生きものを見て正しい知識を身に付けると、生態系に何が起こるのか、あらかじめ知っておくことができます。いわば大きな意味で生態系を守ることになると思うんです。そこで「可愛いあの子」みたいなことに価値観を置いちゃうと、「本来の生息地でない生きものを連れてきて、狭いところで飼育しているのはいいことなのか」という話になります。倫理的に正しくないと。

今の愛護理論というのは、この流れなんです。だけど、その愛護理論で本当に自然を救えるんだろうかと。種としての倫理観と個体ベースの倫理観だと、当然一致しないケースが出てくるわけで。

だから、水族館で生きものを見て、博物学的な知識を身につけることは、その生きものと共生する助けになると思うんです。そういった意義があるからこそ、水族館というのは生きものたちと一緒に生きることの酸いも甘いも分かっている施設として、バランス感を持って、「面白くてためになる」をやっていくといいんじゃないのかな、と思います。簡単なことではないとは思いますが。

■水族館への期待

私は昔ながらの水族館に惹かれます。「あの生きものには、こんな一面もあるんだ」という博物学的な面白さを見せてくれる場所というか。

以前、地元の水族館で食物連鎖を見せるため大水槽にイワシと大型魚を一緒に入れて、食物連鎖の様子を生で見てもらおうという企画があったんですね。それはもう評判が悪くて、1回でやめたのかな。「子どもに残酷なものを見せるな」ということでした。サカナをどんどん擬人化していくと、そうなりますよね。でも、私はそういうところも博物学の一つとして、あえて見せた方がいいんじゃないかなという気がしています。

昔、小動物の飼育というのが小学校の授業事項目みたいな形でありましたよね。私の頃だと鶏やウサギだったかな。それが今では不衛生で好ましくないと、なくなってきているようです。

鶏って頻繁に糞を出しますし、哺乳類と比べて未消化に近いので、鶏小屋は臭いんですよ。でも、飼育する上でそこの掃除は物凄く重要ですよね。動物に触れていないと、そういう感覚がなくなるというか……綺麗なものしか触らせてもらえないから。生きものに触れる方法はいろいろあるんでしょうけど、まったくゼロにしてしまうと、距離の取り方が分からなくなるんじゃないかなと。

ヒトデや貝なんかに触れるタッチプールってありますよね。ショックを受けたのが、そこでヒトデを投げちゃう子どもがいるんですって。おもちゃを放り投げるような感じで。あまり生きものの実感みたいなのを持てないまま成長してきたのかなという気がします。

生きものに触れることなく大きくなって、生きものとの距離感がペットでしか分からない状態で、果たして本当に生きものを大事できるのか……。

ペットは基本的に特殊な生きものです。飼われている犬だと人間に撫でられたら喜びますよね。でも、たぶん撫でられて喜ぶ生きものはペットぐらいなんです。〈接触刺激〉と言うんですけど、普通は人間も含めて生きものは嫌がります。でもペットって見知らぬ人に頭撫でられても目を細めてますよね。これだと自然界では生きていけない。だから、ペットというのはかなり特殊な反応をする生き物のはずなんです。

だから生きもの＝ペットという感じになると、自然や野生の生きものとの距離感を見失ってしまうんじゃないかと思います。

ここら辺の話は愛護理論では説明できません。だからやっぱり自然科学と一般人の価値観をうまく組み合わせて見せてくれる施設がないと。水族館には、その役割を担ってくれるんじゃないかという期待感がありますね。

【プロフィール】

もくみやじょうたろう：1965年、兵庫県生まれ。2003年、新潮社の第十二回新人シナリオコンクールで佳作受賞。2005年に『時は静かに戦慄く』〔新潮社〕で、第六回ホラーサスペンス大賞特別賞を受賞した。『占拠ダンス』〔幻冬舎刊／2007年〕、『本日の議題は誘拐』〔朝日新聞出版刊／2010年〕の後、2011年に実業之日本社より『アクアリウムにようこそ』を発表。これを改題し『水族館ガール』として2014年に再刊すると、2016年には同作がNHKでドラマ化される。人気を博した『水族館ガール』は、2022年発表の第9巻で完結。引き続き水族館の魅力を伝えるべく、新シリーズを構想中。

昔の水族館にはいろんな人たちがいましたから、
当時の情報発信の中にも、
いろんな考え方が書かれていました。
そのときに見たり聞いたりした話が、
今の私のベースになっています

――木宮条太郎

広報のトド　おとどちゃん［桂浜水族館］

日本一の人気水族館に導いた広報の仕事

２０１６年、経営不振に苦しむ桂浜水族館に腕利き広報のマスコットキャラクター、おとどちゃんが登場。インパクト抜群のルックスに、歯に衣着せぬ物言いが人気を博すと、瞬く間に注目が高まった桂浜水族館は、なんと水族館人気ランキングの第１位に上り詰めた［※ＷＥＢサイト『ねとらぼ調査隊』調べ］。広報の仕事や執筆活動など、多忙な日々をおくっているおとどちゃんに、メール取材の形で、これまでの道程や広報の心得などを教えてもらった。

写真協力：桂浜水族館

■おとどちゃんの仕事

（――桂浜水族館に着任した経緯は）

経営難を脱却すべく、「なんか変わるで、桂浜水族館」をモットーに改革を進めていく中で、キャッチーな公式マスコットキャラクターをつくろうと、館長が、高知出身のフィギュアイラストレーター、デハラユキノリ氏に依頼し、2016年4月16日にトドの女の子「おとどちゃん」として誕生しました！　桂浜水族館が飼育しゆう2頭のメスのトドと館長がモチーフながってね。看板娘として2016年から今日までTwitterを担当し、人にフォーカスを当てて情報発信をしちょります。

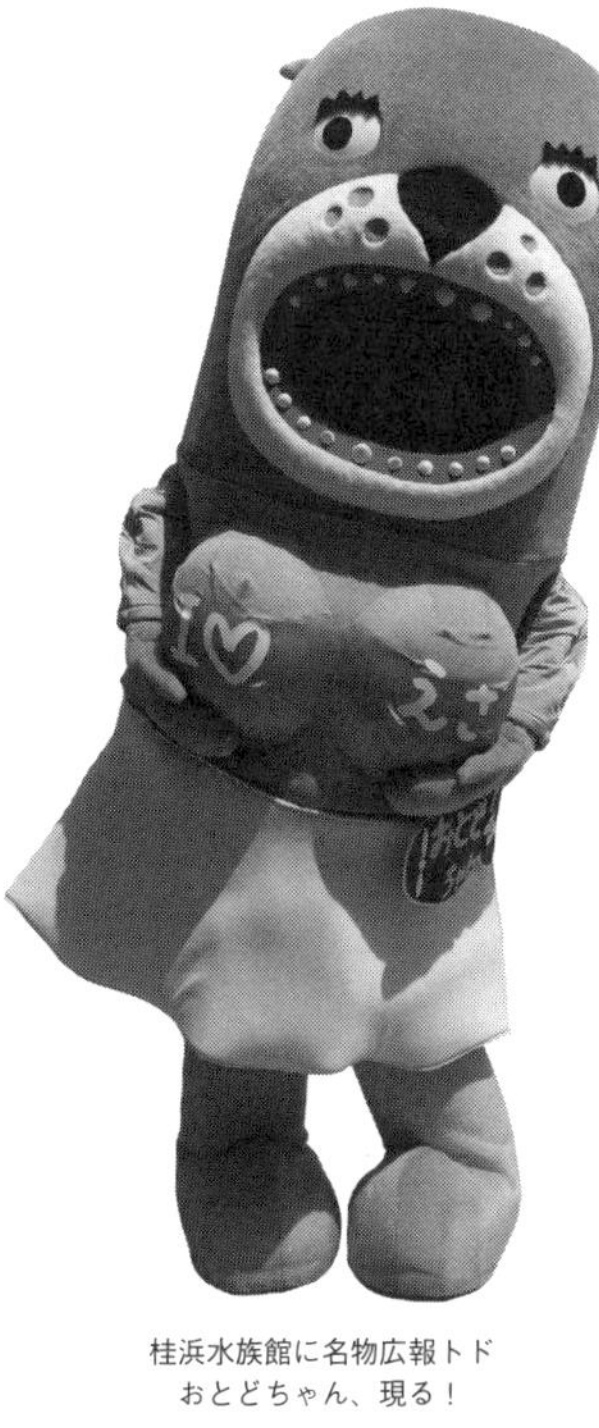

桂浜水族館に名物広報トド
おとどちゃん、現る！

(──「怖い」などのネガティヴな感想が、肯定的なものに変わっていった時期は)

実感しだしたのは、テレビへの露出が増えたり、ネットニュースで話題になることが増えだした4年くらい前のように思います[※本取材は2023年2月に実施]。

(──おとどちゃんの業務内容は)

主に、館内外でのイベント出演やTwitter更新、エッセイの執筆。あと、仕事ではないけど、館長と話したり、飼育員とお酒を飲んでメンタルケアし合うのも、すごく大事な時間やと思いゆう!

(──仕事の難しさ、やりがいは)

ファンが増えると、その分いろんな価値観とか人生観、感覚や表現をする人に出会うき、本当にいろんな人に寄り添う機会が増えました。そうして、いろんな人と言葉だけでやりとりする中で、対人の難しさやとか、言葉の難しさを感じることが多々あるかな。

やりがいは、ファンの方からお手紙をいただくこと。Twitterやテレビ、ネットニュースで話題になって、そうして出会った人らぁが、「桂浜水族館に出会ったことで生きがいができた」って言ってくれたり、そういったお手紙をいただくことに、特にやりがいを感じます。

(──全国的に注目を受け、桂浜水族館は「好きな水族館ランキング」の第1位に選出される。その経過および結果をどのように見ていたか)

おとどちゃんと桂浜水族館

インターネットサイト『ねとらぼ調査隊』のサイト内アンケートによるもので、業界内で大々的に行いよったわけじゃないき、盛り上げることを目的に、Ｔｗｉｔｔｅｒでファンに向けて参戦を呼びかけたが。桂浜水族館のファンの方は、こじゃんと情熱的でノリがいいき、他園館に差をつけて、２０２１年、２０２２年と第１位を獲得できました。２０２１年は圧勝やったけど、２０２２年はちょっと冷や冷やしたりもしたき、２０２３年も楽しみにしちゅうがってね！

（――思い出深い出張は）

どれも思い出深いものやけど、強いて挙げるとしたら、２０１９年の東京出張かなあ。浅草でファンの方が人力車に乗せてくれたが。生まれて初めての人力車！　どこに行ってもそうやけど、みんなすごく良くしてくれる。体調を気遣ってくれたり、旅の無事を祈ってくれたり。差し入れとかプレゼントで、いっつも帰りの荷物の量がすごいことになります（笑）。

（――著書『桂浜水族館ダイアリー』〔※2021年／光文社刊〕を執筆、刊行することになった経緯）

桂浜水族館公式Twitterを見た光文社の編集者さんから、「毎月発行している文芸雑誌『小説宝石』でエッセイの連載をしてみませんか」ってオファーをいただいたのが始まりです！　毎月の連載を追ってくれていた方も手に取ってくれて、いろんな人から本を読んだ感想をいただきました。今でもときどき本を読んで感じたこととか、胸に秘めていた思いを手紙で綴ってくれたり、Twitterで語ってくれる方もおります。「サインをください」って水族館に本を持ってきてくれる方もおるで！

（――執筆活動にあたって心がけていることは）

執筆活動を始めてから、まず最初に本棚を買いました！　本は好きやけど、読書は苦手で、本を読むっていう行為を今まであんまりしてこんかったき、とりあえず「活字」を身近に置くために本棚を買って、買い漁った本を並べました。あと、これは結構前からしゆうことながやけど、普段から、本を読みよったりテレビを見ゆうときに心に残った言葉、誰かとの会話とか、日常でふと目に留まったり、ときめいたフレーズは、メモしゆう。

それと、「書くこと」を楽しみたいき、一度書いた文章の中にある言葉を拾い出して、それに関連する言葉とか、同じ意味を持つ言葉を調べて、ちょっとかっこいい方を使って構成し直してみたりします（笑）。せっかくいただいた機会やき、書くことを楽しみ続けたいです！

『桂浜水族館ダイアリー』
おとど 著
光文社刊
2021 年

■おとど流広報の極意

（――日々発信しているＴｗｉｔｔｅｒのつぶやきが人気を博している。ツイートするタイミングや内容をどうやって決めているか）

ノリと勢いです（笑）。感覚（笑）？　特にああしようこうしようってことは考えてなくて、そのとき、瞬間的に沸き起こった感情とか感覚のままにツイートしゆうかな。やきよく炎上もします。でも昔よりずいぶんと丸うなった（笑）！

（――ＳＮＳにアップされる写真が、動物や人間の日常の機微を捉えたもので素晴らしい）

Ｔｗｉｔｔｅｒにアップする写真は、おとどが撮影したものじゃなくて、桂浜水族館の広報担当兼おとどのマネージャーでもある「もりちゃん」が撮影したものです。もりちゃんが撮影してきた写真のデータをもらって、おとどがキャプションをつけたりつけなかったりしつつ、Ｔｗｉｔｔｅｒで発信しゆうが！　もりちゃん曰く、「〈可愛い〉のは当たり前。みんな生きていることがもうすでに〈可愛い〉ので、狙うはその子が持つ〈個性〉や

〈特性〉」やって〜！

（——広報の活動として「人にフォーカスを当てる」ことをモットーとしているようです。そのために意識していることは）

同じ「桂浜水族館の飼育員」でも、みんなそれぞれに個性があって違う魅力を持っちゅうき、それを引き出して、最大限に発信するよう心がけています。みんなそれぞれの苦悩と葛藤の中で、変化と成長を見せてくれる。どんな仕事もそうやけど、水族館の飼育員っていう仕事もまた、かっこいい面だけじゃないということ。人間臭い部分も含めて写真や言葉で彼らの魅力を全面的に推し出していきます。また桂浜水族館は、入社すると愛称（ニックネーム）を決めるがやけど、そうやってキャラクター性を持たせるのも、お客さんがぐっと感情移入しやすくなるし、お客さん自身も「人」にフォーカスを当てた水族館の楽しみ方をしてくれゆうように感じます。

（——コロナ禍において広報の仕事をどのように進めようと思ったか）

コロナ禍に入る前と渦中でのSNSの方向性は変わってないで。桂浜水族館は、経営改革を図りだしてから今日までずっと、「人」にフォーカスを当ててきた。コロナ禍に突入して、人と人とが距離をとって生きる時代が来たきこそ、人は人をより強く求めるようになったと思うがね。実際に、コロナの影響を受けて、桂浜水族館も2020年には休館を余儀なくされたけど、その間も「人にフォーカスを当てる」ことを続けて、フォロワー数が激増したがよ。

おとどちゃんのTwitter投稿では、生きものだけでなく、こうした飼育員にフォーカスを当てた写真もしばしばフィーチャーされてきた

また、コロナ禍では、ありがたいことに出版社さんからのオファーで、文芸雑誌での連載、エッセイ本とか写真集、ファンブックの制作と発売といった紙媒体での魅力発信っていう新たなジャンルの開拓と挑戦も叶いました！　自分の可能性を広げることもできて、広報の仕事の幅も広がったし、これからもピンチをチャンスに変えながら、臆することなくいろんなことに挑戦して、桂浜水族館の魅力を発信し続けたいと思いゆう！

（――桂浜水族館の印象に残っている生きものは）

今まで自分がここで出会った生きものは、誕生も死別もすべて心に残っちゅう。

いのちの物語は、すべて尊く、儚《はかな》くも逞しく、美しいものです。

充実した餌やり体験は、
おとどちゃんもおすすめ

(――最後に桂浜水族館の最高に楽しい過ごし方を)

Twitterで飼育員や生きものの情報を集めておいてから来ると、会えるまでのわくわくもあるき、入館前から楽しめるかもしれんね。生きものだけじゃなく、「推し」の飼育員に会いに来る方もおるし! SNSをチェックして、気になるスタッフがいたら話しかけてみるのもおすすめやね。生きものの話が聞けたり、スタッフ目線での水族館の魅力を知ることができるで。

決まった時間に、音響やマイクを使ったパフォーマンスでのショーイベントはないけど、予告なしで突然始まるトレーニングタイムでは、生きものらぁがご飯を食べながら運動をしたり、遊びを通して身体能力の向上を図ったり、体温や体重測定、触診によって健康チェックを行ったりなど、飼育員と生きものが、水族館での日常で幸福度を高め合う様子を見てもらうことができます。餌や

時には散歩するリクガメと遭遇し、
突然のふれあいタイムが発生する
ことも……？

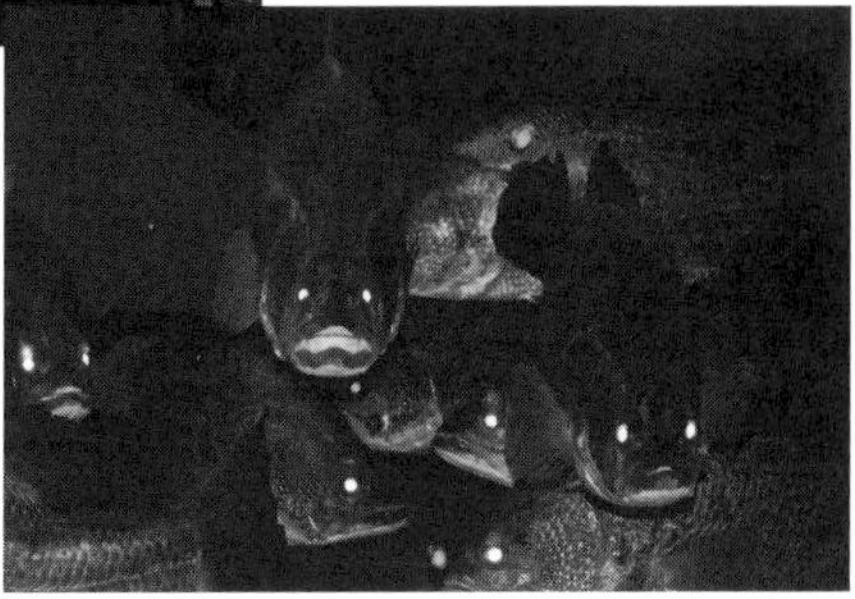

めずらしいアカメの
群泳がお出迎え

り体験も豊富で、トド、アシカ、ウミガメ、ペンギンなど、さまざまな生きものにセルフで餌やりが可能です！　ほぼ終日できるき、人懐っこくて甘えん坊な生きものに重課金してしまうこと間違いなしやろ（笑）。

開館と同時に入館して、給餌とかトレーニング風景を鑑賞したり、本館で土佐湾に生息するサカナを中心に淡水魚や深海魚を鑑賞したり、2階の標本ルームで骨格標本に触れたり、エリアを巡って餌やり体験をして過ごしよったら、あっという間に午前中は終わってしまうわえ！

お昼はお弁当を持参して、浜辺で食べるも良し。食堂では、うどんとかやきめし、カレーとか豚まんなどの軽食を販売しゆうき、そっちを利用して腹ごしらえするも良しで。

午後は日当たりが最高に良くなるき、写真撮影に最適やと思う。3時にはクレープとかアイスのおやつなんかもどう？　アシカとかリクガメが館

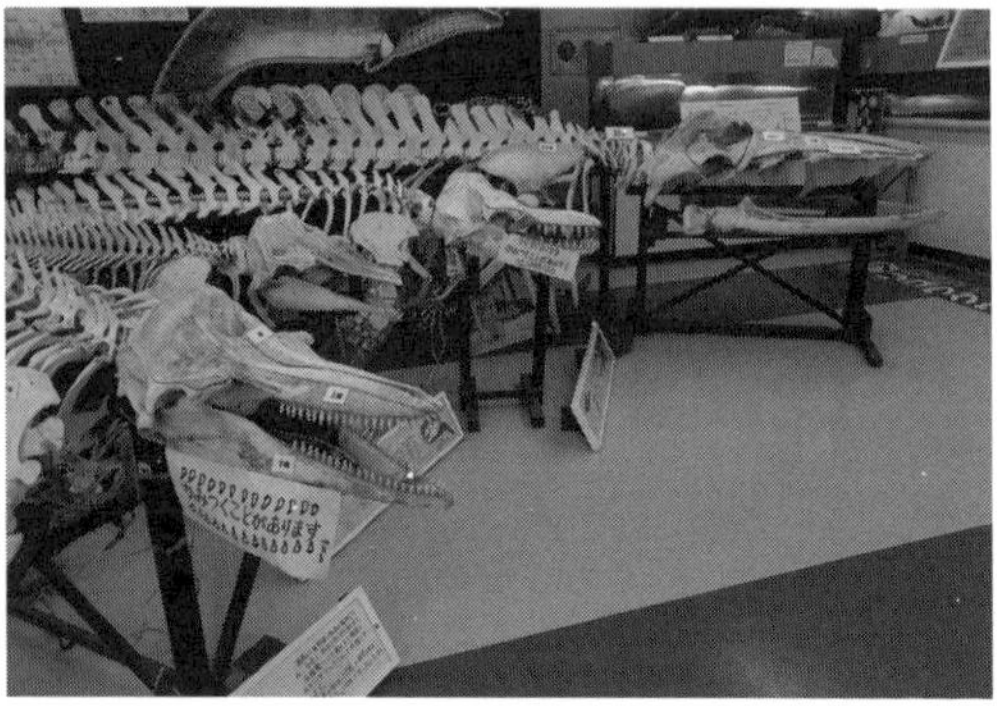

めずらしい
「触れ合える」
骨格標本の展示

内を散歩しだしたり、これまた突然始まるふれあいタイムでレア体験ができたりと、いつどこで何が始まるか分からんき、一日滞在がおすすめ！　運が良ければ、館内でおとどに会える奇跡体験もできたりして――（笑）。

お得な年間パスポートを購入して、心地良いエリアを見つけたり、好きな生きものに集中したり、「推し」の摂取に特化した自分だけの桂浜水族館タイムスケジュールをつくっちゃいな！

【プロフィール】
おとどちゃん：トドをモチーフにした、桂浜水族館の公式マスコットキャラクター。同館の広報として活動。天然もののＦカップが武器の魚肉食系ハイテンションガール。大好物はイケメンとおもしろいネタ。

これからもピンチをチャンスに変えながら、
臆することなくいろんなことに挑戦して、
桂浜水族館の魅力を発信し続けたいと思いゆう！

——おとどちゃん

付録

【アンケート企画】

水族館愛好家の「気持ち」

東京・新宿にある本屋、SAKANA BOOKSには、オープン以来、日本全国からサカナ好きの皆様が来店される。その中にはもちろん、さまざまな形で水族館を愛している「人」も多い。そこで、本屋に来ていただいた方を中心にアンケートを実施。愛好家の皆さんが考える水族館の思い出や、水族館の過ごし方について回答してもらった。彼ら・彼女らが水族館に通う中で生まれた嗜《たしな》みには、〈もっと楽しむ〉ことのヒントがあるだろう。

※コメントはアンケートより抜粋

■アンケート参加者の情報

●年代

十代：3名／二十代：21名／三十代：5名／四十代：4名／五十代：1名／未回答：1名

●居住地域

東北地方：3名／関東地方：27名／中部地方：4名／九州地方：1名

●性別

男性：23名／女性：11名／未回答：1名

●水族館に行く頻度

年に数回：4人／月に1回：1人／月に2回：5人／週に1回：16人／週に2～3回：6人／週に4～5回：1人／ほぼ毎日：1人

■好きな生きもの

●第1位：ペンギン（5人）
●第2位：シャチ（3人）
●第3位：オイカワ、オニボラ、カサゴ、クラゲ、ジェンツーペンギン、ニシキテグリ、ニジギンポ、（各2人）
●第4位：アオウミガメ、アザラシ、アデリーペンギン、アユモドキ、イカ、イトウ、イトヒキアジ、イモリ、イロブダイ、エイ、エンゼルフィッシュ、オウムガイ、オオメジロザメ、オキゴンドウ、カエルアンコウ、キヌバリ、クエ、古代魚、サクラマス、サメ、ダンゴウオ、ツバメウオ、テグリ、トリノアシ、ニシキテグリ、ニホンウナギ、ハーフオレンジレインボー、ハナイカ、バンドウイルカ、ヒカリキンメダイ、ピラルクー、フウリュウウオ、ボロカサゴ、ホンソメワケベラ、マツカサウオ、モンハナシャコ、ヤナギクラゲ、ヤマメ、レッドテールキャット（各1名）

■晴れた日に行きたい水族館は？

●アクアマリンふくしま：晴れて光が射しこむ潮目の海の大水槽の表情が忘れられない。
●アクアワールド茨城県大洗水族館：ペンギン水槽に差し込む光が素敵。
●あわしまマリンパーク：景色もさることながら、島に渡る時の船で感じる潮風と日差しが心地良いから。
●越前松島水族館：パビリオン型の展示だし、海の見える場所にベンチが置いてあったから。
●大分マリーンパレス水族館「うみたまご」：平日に日差しを浴びながら〈あそびーち〉でのんびり過ごし、イルカやアシカを眺めるのはまさに至福のひととき。

●沖縄美ら海水族館：大水槽の上の方に入る自然光好き。海亀の円柱もめちゃくちゃ綺麗。
●鴨川シーワールド：シャチのショーでびしょびしょになるのが至福。
●九十九島水族館海きらら：言わずもがな、あの大水槽の自然光は息を呑む美しさ。
●下田海中水族館：ペリー号のメイン水槽に日が差し込んでるととても綺麗。
●上越市立水族博物館 うみがたり：大水槽に入り込む光はもちろん、海獣やペンギンのプールにも「これでもかっ‼」ってぐらいの光が差し込む。
●新江ノ島水族館：ウミガメプールがとても綺麗。雲がなければイルカと富士山のコラボを撮ることができる。
●仙台うみの杜水族館：晴れた日の午前中、イロワケイルカの水槽が最高。
●なかがわ水遊園：自然光が綺麗に差し込む水槽がたくさんある。
●名古屋港水族館：陽光に照らされたシャチのプールが絶対に素晴らしい。

■一晩水族館で過ごせるとしたら、どの水族館にする？

●アクアマリンふくしま：潮目の海の真ん中で一晩過ごしたい。
●沖縄美ら海水族館：サンゴの産卵やタツノオトシゴのお腹から子供が飛び出すところを見てみたいです。／オキちゃん劇場で海風にあたりつつ、オニボラ水槽や大水槽の前で水塊を感じながら過ごしたい。／見きれないので、寝る時間を惜しんで周りたい。
●海遊館：メイン水槽の一番下で海底に沈んでる気分を味わいたい。／夜のジンベエザメも格別なのです。

●葛西臨海水族園：夜の姿がとても気になる生き物が多いです。

●上越市立水族博物館 うみがたり：トンネル水槽奥のスペースに布団敷いて寝たい。海底で寝てる気分になれそうです。

●鶴岡市立加茂水族館：たくさんのクラゲたちに囲まれながら寝落ちしたいです。

●東海大学海洋科学博物館：ずらっと壁一面にならんだ圧巻の標本たちの前で布団を敷いて眺めながら寝たい。

●鳥羽水族館：種数が多いから違いが際立って面白そう。

●名古屋港水族館：鯨類のブローを聴きながら眠りたい。

●市立しものせき水族館「海響館」／新江ノ島水族館／すみだ水族館／太地町立くじらの博物館

■家族を連れていくなら、どの水族館？

●鴨川シーワールド：子どもがいたら大きな生きものを実際に見て、その記憶が結構残ると思う。それがきっかけで自分と同じように興味を持ってくれたら嬉しい。／大迫力のシャチショーを体感してほしい。

●仙台うみの杜水族館：サカナ、ペンギン、イルカショー、海獣と展示のバランスが良く、広すぎないので飽きずに楽しめそう／大水槽ダイビング。水族館で働きたくて働けなかった自分が水族館で潜ってる姿を家族に見せたい。

●アクア・トト ぎふ：淡水魚だけでもこんなに面白い展示ができることを声を大にして言いたい。

●アクアパーク品川：生きもの好きでもサカナ好きでもない家族でも、イルカショーは楽しんでもらえそう。

●足摺海洋館 SATOUMI：竜串の海をそのまま持ってきたような、こだわりが詰まった展示を両親に見てほしい。美味しいサカナを食べたり、竜串海岸を一緒に歩いたり、自然を思いっきり堪能したい。

●伊豆・三津シーパラダイス：サカナに餌をあげられたり、ザリガニ釣りができたり、イルカショーがあったり、タッチプールがあったりと、さまざまなアクティビティがある。

●しながわ水族館：行き慣れているので撮影に固執しなくて済みそう。イルカショーもあり、規模感もちょうどいい。

●竹島水族館：疲れないちょうど良い広さ。ユーモアのある掲示やお土産などサカナに詳しくなくても楽しめる工夫がある。

●鳥羽水族館：見られなくなるかもしれない生きものを見せておきたい。

●南知多ビーチランド：ふれあいカーニバルやイルカショーは生きものとの距離が近いから、子どもにもいい刺激になりそう。

●幼魚水族館：家族がサカナの面白さを堪能している間、自分だけその場を離れて、静かにマクロレンズを振り回したい。

■思い出に残る水族館は？

水族館巡りを始めて日が浅かった頃、初訪問の志摩マリンランドで、コンパクトながら非常に見やすい水槽と、テーマ性と学術性を持った展示に感銘を受けた。近代的な煌《きら》びやかな水槽も良いが、やはり飼育員の愛で殴ってくる感じの水族館が好き。

*

油壺マリンパーク。小さいときから何回も連れて行ってもらって、水族館に足繁く通うようになってからも何度も通った場所。最後のショーで友達とボロ泣きしたのは、たぶんずっと忘れられないです。

＊

幼い頃に初めて葛西臨海水族園に行ったとき。エスカレーターをくだり、海の中に潜ったような不思議な感覚があり、下りたその先に広がるアカシュモクザメの群泳を見たときの衝撃は今でも忘れられません。水族館が大好きになったキッカケです。

＊

東京都港区にあるマクセル アクアパーク品川です。水族館にどハマりしだしたきっかけが、この水族館のイルカたちとトレーナーの皆さんでした。ここで多くの水族館好きの方と出会い、いろんなことを教えていただきました。高校3年の1年間は学校帰りに毎日のように行って、かっこいいイルカたちをみて帰るという生活をしていたので、第二の家のような場所です。

＊

アクアワールド・大洗。水族館巡り最終日に急遽行くことにしたところ、何の示し合わせもなかったのにリアルで面識のあるフォロワーさんと鉢合わせて、一緒に水族館観て、なんやかんやあったその人が今の恋人です。

■水族館にまつわる印象深いエピソード

鴨川シーワールドでシロイルカのショーを待っていたときに、隣に座ったご年配の方に話しかけられて、シロイルカと当時一緒に飼育されていたネズミイルカの話をしたこと。孫に連れられてしぶしぶ来たと仰ってましたが、シロイルカについて語っていたときのその方の瞳はとても輝いていたのを今でも思い出します。

＊

新江ノ島水族館のクラゲ解説のお兄さんが、

クラゲへアで眼点の位置を説明していたことが印象深いです。

＊

いおワールドかごしま水族館でお土産を落としてしまい、落ち込みながらイルカプールを眺めに行ったらイルカが近寄ってきてくれたこと。

＊

イロカエルアンコウを見た親子連れが「色変えるアンコウ」だと思い込んで、「待ってたら色が変わるぞ!」って言いながら眺め続けてて、思わずクスッと微笑んでしまいました。でも確かにそう読めるから、罪な和名変更だ……。

＊

おサカナ博士らしい男の子が家族に向かってネコザメの個体差についてプレゼンしていたこと。水槽の前を軽く通り過ぎる人が多い中、じっくり観察して分かったことを人に伝えるガチっぷりが傍から見ていて嬉しく印象的だった。

＊

沖縄美ら海水族館でツマジロを撮っていたら、遠足の幼稚園児に囲まれて質問攻めにあい、即席のサメ講座を始めてしまったことがありました。園児たちには私が水族館スタッフに見えたのでしょう。私のカメラに興味津々の将来有望な坊やもいました。

■これから水族館に期待すること

これからも人と生き物とをつなぐターミナルポイント、いつまでも人々にとって人生のターニングポイントとなるような場所であってほしいと願っております。

＊

鯨類は虫や鳥に比べてあまり生活に馴染みの無い生き物の一種だと思っていますので、鯨類と人との出会いや、また人が今後鯨類とどうやって接していくかについて考えるためのきっかけになってくれることを期待しています。

＊

北陸や新潟県の園館の水族館主催のイベントがたくさんあると嬉しいです。引っ越ししてから富山に水族館好きな知り合い一人もいないし、人見知りなのであんま喋りかけられないので、積極的に参加していろんな人と喋れたらいいな……なんて思います。

＊

その水族館がある土地の海を再現した展示がもっと増えてほしいです。その土地の環境や、その地の文化を感じ取れる展示をたくさん見たいなと思います！

＊

動物の権利が主張されたり、映像技術の進歩によって展示生物や展示技法が変化して、ますます本物の生きものを見せる意義が問われる時代だからこそ、その意義をきちんと伝えることができ、水棲生物の生きざまを見せつけられるような場所であってほしいと思います。

＊

これまでに展示されたことがないような珍しい生体展示や、今は長期飼育が達成されていない難関種の常設展示。また、それを通してより多くの種類の海洋生物にスポットがあたって、魅力が発信されること。

＊

現在数十年前に乱立した水族館たちが老朽化等により建て替えだったりリニューアルを迎える時期のため、今後、次世代に自然環境・生きもののことを伝える努力をしていくことを期待します。

□ 大分マリーンパレス水族館「うみたまご」
大分県大分市大字神崎字ウト3078番地の22
うみたまホールはムード良すぎて
プロポーズするならここ

□ 別府温泉 白池地獄 熱帯魚館
大分県別府市鉄輪283-1
ピラルクーのいる水槽は
昭和40年頃に作られた国宝級の逸品

□ 道の駅やよい 番匠おさかな館
大分県佐伯市弥生上小倉898-1
美麗な外池水槽は自然光で光り輝く

□ 大淀川学習館
宮崎県宮崎市下北方町二反五瀬5348番地1
日本の幻の魚アカメが見られて、
なんと無料の施設

□ 志布志湾大黒イルカランド
宮崎県串間市大字高松1481-3
国内のイルカショーの技・構成が
すべて詰まったクオリティ

□ すみえファミリー水族館
宮崎県延岡市須美江町69-1
まさにファミリー向けな、
ちょうど良いサイズ感

□ 高千穂峡淡水魚水族館
宮崎県西臼杵郡高千穂町向山60－1
景勝地として有名な高千穂峡の反対側に
水族館があるとは

□ 奄美海洋展示館
鹿児島県奄美市名瀬小宿大浜701-1
人懐っこいウミガメが泳ぐ大水槽は
海外リゾート感あり

□ いおワールドかごしま水族館
鹿児島県鹿児島市本港新町3-1
サツマハオリムシ愛に溢れ、
グッズ展開までしている

□ 生態系保存資料館アクアイム
鹿児島県薩摩川内市祁答院町藺牟田1999-2
生態系が生々しく展示される
激ムズ難読住所施設

□ 枕崎お魚センター
鹿児島県枕崎市松之尾町33-1
コンパクトな水族館ながら、
水量60tもの円柱大水槽も観覧可能

□ イオンモール沖縄ライカム ライカムアクアリウム
沖縄県中頭郡北中城村字ライカム1番地
イオンモール沖縄ライカム1F
100tの大水槽をエレベータで
昇降できる快感が無料で楽しめる

□ 沖縄美ら海水族館
沖縄県国頭郡本部町石川424番地 国営沖縄記念公園（海洋博公園）内
冷静に考えて9m近いジンベエザメが泳ぐ
大水槽てヤバイよね

□ 漢那ダム資料室
沖縄県国頭郡宜野座村字漢那中山原2015-2
ダム施設だけにダムを模した水槽があり感動

□ さんご畑
沖縄県読谷村高志保923-1
沖縄の海に面する竜宮城のような出で立ち、
サンゴの楽園

□ DMMかりゆし水族館
沖縄県豊見城市豊崎3-35
床面水槽、動物ふれあい、
映像美と沖縄観光の新定番

監修者
「新井竜実（めnち）」
プロフィール：
「水族館」という定義の線引きに疑問を持ち、何をもって水族館と称されるのかを追求するため、国内外問わず水槽展示している施設を実地訪問しているブロガー。ペーパードライバにつき公共交通機関か徒歩・レンタサイクルのみで巡るため、僻地の施設に泣かされている。
http://blog.livedoor.jp/pokomenchi0929/

□下関市立しものせき水族館「海響館」
山口県下関市あるかぽーと6-1
下関らしくフグの仲間だけで1フロアを占める徹底ぶり

□周防大島町なぎさ水族館
山口県大島郡周防大島町大字伊保田2211-3
手書きポップのセンスは右に出るものはいない激情型で心に響く

□豊田ホタルの里ミュージアム
山口県下関市豊田町中村50-3
ホタルの生息域を再現した水槽は地中も観察対象で面白い

□海洋自然博物館マリンジャム 島のちいさな水族館
徳島県海部郡海陽町宍喰浦字竹ケ島28-45
クマノミ展示量が半端じゃない。公式キャラが日本一萌える

□日和佐うみがめ博物館カレッタ
徳島県海部郡美波町日和佐浦370-4
ありそうで無かったウミガメ専門水族館

□四国水族館
香川県綾歌郡宇多津町浜一番丁4
生き物のいる景観を展示した美術品のような水槽に見惚れる

□新屋島水族館
香川県高松市屋島東町1785-1
アザラシでも濡れるのがイヤ？器用に傘をさすアザラシがキュート

□道の駅虹の森公園まつの おさかな館
愛媛県北宇和郡松野町大字延野々1510-1
アカメを赤い目で撮れるよう丁寧に指南してくれた

□足摺海洋館SATOUMI
高知県土佐清水市三崎4032
ジオラマの装飾が自然な世界観を醸し出すオシャレ空間

□桂浜水族館
高知県高知市浦戸778
ギリギリを攻め続けるメディア戦略にハマる人続出

□四万十川学遊館あきついお
高知県四万十市具同8055-5
アカメを覚えたのもつかの間、ナイルパーチと遭遇した場所

□のいち動物公園 ジャングルミュージアム
高知県香南市野市町大谷738
動物園内に突如現れるアマゾン大水槽にギョッとする

□むろと廃校水族館
高知県室戸市室戸岬町533-2
元学校という特性を活かし、あの頃の思い出に語り掛ける

【九州地方】

□北九州市水環境館
福岡県北九州市小倉北区船場町1-2
隣を流れる川を観察できる街中の水族館

□筑後川防災施設くるめウス
福岡県久留米市新合川1丁目1-3
日本一かわいいサイズのトンネル水槽が魅力的

□マリンワールド海の中道
福岡県福岡市東区大字西戸崎18-28
水量1400tものパノラマ水槽で2時間ぼーっと見ていたことある

□やながわ有明海水族館
福岡県柳川市稲荷町29
有明海を再現した干潟水槽でほのぼのムツゴロウライフが観察できる

□九十九島水族館海きらら
長崎県佐世保市鹿子前町1008
イルカ同士がキャッチボールするパフォーマンスの感動たるや

□佐世保魚市場株式会社
長崎県佐世保市相浦町1563
特大の円柱水槽は魚市場にあるので朝6時30分から見られる朝活

□長崎ペンギン水族館
長崎県長崎市宿町3番地16
出会ったペンギンは9種類！そう、ペンギン水族館ならね。

□平戸海上ホテル
長崎県平戸市大久保町2231-3
水族館大浴場「竜宮」は、水槽に囲まれた夢のお風呂

□海中水族館シードーナツ
熊本県上天草市松島町合津6225-8
海に浮かぶドーナツ状の水族館。海中展望塔の役割にもなる

☐京都水族館
京都府京都市下京区観喜寺町35-1（梅小路公園内）
オオサンショウウオがどこにいるか
分からないほどいた

☐生きているミュージアム ニフレル
大阪府吹田市千里万博公園2-1 EXPOCITY内
エリア毎にテーマとカラーを変える
新機軸を切り拓いたお手本施設

☐海遊館
大阪府大阪市港区海岸通1-1-10
特大水槽を周回しながら
他の大水槽を見るという両手に花な順路

☐高槻市立自然博物館 あくあぴあ芥川
大阪府高槻市南平台5丁目59番1号
レトロエモい外観と
川の流れの大水槽がマニア心をくすぐる

☐átoa（アトア）
兵庫県神戸市中央区新港町7番2号　神戸ポートミュージアム2-4F
お話しできるバーチャルキャラが
館内のいたるところに

☐城崎マリンワールド
兵庫県豊岡市瀬戸1090番地
日本一深い水深12mの大水槽は
水圧まで感じる

☐姫路市立水族館
兵庫県姫路市西延末440
知的好奇心が刺激される体験展示が多く、
見るから感じる施設へ

☐みなとやま水族館
兵庫県神戸市兵庫区雪御所町2-24-101
裸足で入るエリアやあちこちに
クッションがあるのでもはや家

☐NARA KINGYO MUSEUM
奈良県奈良市二条大路南1丁目3-1ミ・ナーラ4F
アゲアゲで奇想天外な水槽展示に
新しい可能性を感じる

☐アドベンチャーワールド（施設内：マリンワールド）
和歌山県西牟婁郡白浜町堅田2399
極地に棲むペンギンたちに会える
ビッグなテーマパーク

☐京都大学白浜水族館
和歌山県西牟婁郡白浜町459
主役は無脊椎動物、ウニ／ナマコ／カイメン
にピンと来る方向け

☐串本海中公園水族館
和歌山県東牟婁郡串本町有田1157
サンゴ特化で記念撮影の掛け声は
「1、2の〜、さんごしょー！」

☐すさみ町立エビとカニの水族館
和歌山県西牟婁郡すさみ町江住808-1
タッチプール巨大なタカアシガニ！
触って良い…んだよね？

☐太地町立くじらの博物館
和歌山県東牟婁郡太地町太地2934-2
トンネル水槽イルカ、入り江イルカ、
イルカショーとイルカ三昧

☐和歌山県立自然博物館
和歌山県海南市船尾370-1
水槽内の擬岩にこだわり、
もれなくゴツゴツしてる

【中国・四国地方】

☐とっとり賀露かにっこ館
鳥取市賀露町西3丁目27-2
カニを主役にたくさんのクイズで
学習意欲を高める

☐島根県立しまね海洋館アクアス
島根県浜田市久代町1117番地2
シロイルカパフォーマンスのバブルリングは
パワースポット

☐島根県立宍道湖自然館ゴビウス
島根県出雲市園町1659-5
汽水湖である宍道湖をフィーチャーした
生粋の地元愛展示

☐渋川マリン水族館（玉野市立海洋博物館）
岡山県玉野市渋川2丁目6-1
コンパクトにギュッと濃縮した展示量が
ちょうど良い

☐福山大学マリンバイオセンター水族館
広島県尾道市因島大浜町452-10
海洋生物系の学科の実習でも
活用されるため、各解説が丁寧

☐マリホ水族館
広島県広島市西区観音新町4丁目14-35
激流の川を再現したうねる渓流水槽は
清涼感すっきり

☐宮島水族館みやじマリン
広島県廿日市市宮島町10-3
宮島名物カキの養殖風景を大水槽で学べる
カッキ的な展示

□ 熱川バナナワニ園
静岡県賀茂郡東伊豆町奈良本1253-10
アマゾンマナティーは国内唯一、
天井のワニ水槽も迫力満点

□ あわしまマリンパーク
静岡県沼津市内浦重寺186
無人島すべてが水族館。
カエルとウニに掛ける想いがアツい

□ 伊豆・三津シーパラダイス
静岡県沼津市内浦長浜3-1
スタジアムと自然の入り江で2
種のイルカショーを熱演

□ 静岡県水産・海洋技術研究所展示室 うみしる
静岡県下田市3-22-31
背景のスクリーンに映像を映し出す
展示手法の先駆け

□ 下田海中水族館
静岡県下田市3-22-31
イルカと泳げるプログラムでカナヅチの僕は
イルカに助けられた

□ スマートアクアリウム静岡
静岡市葵区御幸町10番地-2 松坂屋静岡店本館7F
すべてがスタイリッシュ、
オシャレ演出の最高峰

□ 東海大学海洋科学博物館
静岡県静岡市清水区三保2389
大水槽は見る角度によって
水景テーマを変える仕組みに感服

□ 時之栖水中楽園 Aquarium
静岡県御殿場市神山719
彫刻作品と水槽が立ち並ぶ
異様でアートな世界

□ 浜名湖体験学習施設ウォット
静岡県浜松市西区舞阪町弁天島5005-3
横から手を入れられるけど
何故か水があふれない水槽に驚愕

□ 幼魚水族館
静岡県駿東郡清水町伏見52番地1
サントムーン柿田川 オアシス3階
赤ちゃんと大人の姿を見比べられるのは
飼育・採集技術のたまもの

□ 赤塚山公園 ぎょぎょランド
愛知県豊川市市田町東堤上1番地30
無料の中では規模が最大級の水族館、
つまり一番お得ってこと

□ シーライフ名古屋
愛知県名古屋市港区金城ふ頭2-2-1
海外ノリの装飾が異国情緒にあふれ、
旅情をそそる

□ 竹島水族館
愛知県蒲郡市竹島町1-6
廃館を知恵とアイディアで乗り切った逆転劇。
手書きポップに愛を感じる

□ 名古屋港水族館
愛知県名古屋市港区港町1番3号
水族館で見たいアレコレはすべてここにある。
とりあえず行っとけ

□ 名古屋市東山動植物園 世界のメダカ館
愛知県名古屋市千種区東山元町3-70
世界一のメダカ種類数の施設が
動物園内にあるパラドックス

□ 碧南海浜水族館
愛知県碧南市浜町2番地3
超貴重！目の退化した
ホライモリ、ドラゴンズベビーを見られた

□ 南知多ビーチランド
愛知県知多郡美浜町奥田428-1
技と技の間がほとんどない
スピーディなイルカショーは見応え抜群

【近畿地方】

□ 伊勢夫婦岩ふれあい水族館シーパラダイス
（伊勢シーパラダイス）
三重県伊勢市二見町江580
海獣と観客の間に柵がない！
究極のふれあい特化施設

□ 鳥羽水族館
三重県鳥羽市鳥羽3-3-6
国内で唯一ジュゴンが見られる水族館は
全てが高水準

□ 道の駅 紀宝町ウミガメ公園
三重県南牟婁郡紀宝町井田568-7
道の駅にウミガメ大水槽。
道の駅に徒歩で行ったのは僕だけか

□ 滋賀県立琵琶湖博物館
滋賀県草津市下物町1091
琵琶湖だけでなく世界の湖にも
フォーカスする守備範囲の広さ

□ びわこベース
滋賀県大津市木戸1383-1
琵琶湖のほとり、アットホームで日本の
淡水魚、両生類などを数多く展示する施設

□観音崎自然博物館
神奈川県横須賀市鴨居4丁目1120
閉館した油壷マリンパークの展示物を継ぐ歴史のリレー

□相模川ふれあい科学館アクアリウムさがみはら
神奈川県相模原市中央区水郷田名1-5-1
水源から河口域までの川の流れ水槽の横幅は40mと実は日本最大級

□新江ノ島水族館
神奈川県藤沢市片瀬海岸2丁目19番1号
磯から深海までスロープを下りながら水深下げる順路が秀逸

□箱根園水族館
神奈川県足柄下郡箱根町元箱根139
温泉街らしく温泉につかるバイカルアザラシのショーにほっこり

□横浜開運水族館 フォーチュンアクアリウム
神奈川県横浜市中区山下町144番地 チャイナスクエア3F
占いの結果〈ラッキー水槽〉を宛がわれると不思議と興味が湧く斬新さ

□横浜・八景島シーパラダイス
神奈川県横浜市金沢区八景島
アジを釣ってフライにしてビール飲む体験してみ、飛ぶぞ

【中部地方】

□イヨボヤ会館
新潟県村上市塩町13-34
サケの自然な姿、生態、食べ方、味…サケを知り尽くせる

□上越市立水族博物館 うみがたり
新潟県上越市五智2-15-15
インフィニティプール型のイルカショースタジアムが珍しい

□長岡市寺泊水族博物館
新潟県長岡市寺泊花立9353-158
昔ながらの汽車窓水槽展示に実家のような安心感

□新潟市水族館 マリンピア日本海
新潟県新潟市中央区西船見町5932-445
磯水槽の背景は日本海に沈む夕日を投影され心を揺さぶられた

□魚津水族館
富山県魚津市三ケ1390
国内最古の水族館。最古ってことは最高ってこと

□いしかわ動物園 郷土の水辺
石川県能美市徳山町600番地
動物園内にある一施設レベルではなく水族館単体と見まがう規模

□のとじま水族館
石川県七尾市能登島曲町15部40
デジタル映像とアナログなパネル、新旧が入り混じるエモ空間

□越前がにミュージアム
福井県丹生郡越前町厨71-324-1
カニを見るだけでなく、カニ捕り漁のバーチャル体験もできる

□越前松島水族館
福井県坂井市三国町崎74-2-3
ふれあいプールのメンツはアカエイ、クエ、越前ガニ、ミズダコ

□くにみクラゲ公民館
福井県福井市鮎川町195-7
クラゲ展示室は真っ暗、撮影するにはもってこい

□福井県海浜自然センター
福井県三方上中郡若狭町世久見18-2
展示パネルと一体化した水槽は、生きた展示解説

□森の中の水族館。山梨県立富士湧水の里水族館
山梨県南都留郡忍野村忍草3098−1　さかな公園内
大きい魚と小魚が混泳した大水槽のトリックは二重構造にあり

□国営アルプスあづみの公園 堀金・穂高地区あづみの学校
長野県安曇野市堀金鳥川33-4
北アルプスの雄大な風景を背景にした贅沢大水槽は絵画そのもの

□蓼科アミューズメント水族館
長野県茅野市北山4035-2409
世界一標高の高い位置にある水族館、その高さなんと1750m

□世界淡水魚園水族館アクア・トト ぎふ
岐阜県各務原市川島笠田町1453
地味と言われる淡水魚。世界には色・形を工夫する魚がいると知った

□匠の館 森の水族館
岐阜県高山市丹生川町根方532
田舎の原風景に水槽展示施設がある独特の世界観

【関東地方】

□アクアワールド茨城県大洗水族館
茨城県東茨城郡大洗町磯浜町8252-3
サメ水槽の下を通るエスカレータに
毎回目をキラキラさせちゃう

□かすみがうら市水族館
茨城県かすみがうら市坂910-1
日本で2番目に大きい湖、
霞ヶ浦の生態系が分かりやすい

□ミュージアムパーク茨城県自然博物館
茨城県坂東市大崎700
博物館の一画に水族館をギュッと
濃縮したような水槽展示エリア有り

□さかなと森の観察園
栃木県日光市中宮祠2482-3
池と魚道を森林浴しながら観察、
水槽の青と自然の緑の調和が見事

□栃木県なかがわ水遊園
栃木県大田原市佐良土2686
ピラルクを初めて食べたのは
ここが最初で最後

□道の駅みなかみ水紀行館
群馬県利根郡みなかみ町湯原1681-1
トンネル水槽はコイ・ソウギョ・アオウオの
激渋メンツ最高

□埼玉県立川の博物館
埼玉県大里郡寄居町小園39
大型のジオラマでキレイに作られた
渓流観察窓は必見

□さいたま水族館
埼玉県羽生市三田ヶ谷751-1
外池水槽はモンスター級の巨魚を
ラインナップ。餌やりはスリル満点

□鴨川シーワールド
千葉県鴨川市東町1464-18
5m級の巨体であるシャチが飛ぶショーって
想像できますか

□“渚の駅”たてやま　海辺の広場
千葉県館山市館山1564-1
磯をそのまま持ってきたかのような大水槽が
無料で見られる

□PIER-01
千葉県千葉市中央区中央港1-20-1ケーズハーバー1F
レストランにある大水槽の概念を覆す
超巨大水槽に大興奮

□アートアクアリウム美術館GINZA
東京都中央区銀座4丁目6-16 三越新館
一線を画す、独特な
“魅せる”展示手法に脱帽

□足立区生物園
東京都足立区保木間2-17-1
ヘルメット型水槽が多く、
ファミリー記念撮影にオススメ

□板橋区立 熱帯環境植物館
東京都板橋区高島平8丁目29-2
特大の淡水エイ、ヒマンチュラ・チャオプラヤ
への情熱すごかった

□井の頭自然文化園 水生物館
東京都武蔵野市御殿山1-17-6
水鳥カイツブリの素潜りが見られる
貴重な生態水槽

□小笠原水産センター飼育観察棟（通称“小さな水族館”）
東京都小笠原村父島字清瀬
片道におよそ1日かかる
船旅の先に見える世界

□葛西臨海水族園
東京都江戸川区臨海町6-2-3
世界中の多種多様な海域を切り取った
鮮やかな展示は唯一無二

□サンシャイン水族館
東京都豊島区東池袋3-1
サンシャインシティ ワールドインポートマートビル屋上
ビルの間の空にペンギン飛ばしちゃおうぜ
という発想は天才

□しながわ水族館
東京都品川区勝島3-2-1
順路最後のシロワニに心奪われ
水族館マニア道にハマりました

□すみだ水族館
東京都墨田区押上1丁目1番2号
東京スカイツリータウン・ソラマチ5F・6F
チンアナゴの日を制定するほど
どうしてもチンアナゴを見せたい

□マクセル アクアパーク品川
東京都港区高輪4-10-30（品川プリンスホテル内）
イルカスタジアムはシャワーカーテンを使い
空間にも潤いを演出した

□カワスイ 川崎水族館
神奈川県川崎市
川崎区日進町1-11　川崎ルフロン9-10F
水槽の向こうにジオラマと映像を用いて
背景表現する手法が斬新

【北海道地方】

□おたる水族館
北海道小樽市祝津３丁目303番地
海を間借りした海獣公園には
野生のトドやアザラシも遊びに来た

□おんねゆ温泉 北の大地の水族館（山の水族館）
北海道北見市留辺蘂町松山1-4
お気軽に館長を呼び寄せられる
ボタンがある珍百景

□くしろ水族館ぷくぷく
北海道釧路町光和4-11
水産加工会社運営ともあり、
館内レストランが美味しすぎる

□サケのふるさと 千歳水族館
北海道千歳市花園２丁目312
千歳川観察窓で自然のサケが遡上する姿は
人生で一度は見るべき

□札幌市豊平川さけ科学館
北海道札幌市南区真駒内公園2-1
サケの年齢別展示が面白い。
稚魚、1年、2年…と刻んでいた

□サンピアザ水族館
北海道札幌市厚別区厚別中央２条５丁目7-5
エリア毎にテーマが書かれた
レトロな吊下げサインの宝庫

□標津サーモン科学館
北海道標津郡標津町北１条西６丁目１番1-1号 標津サーモンパーク内
チョウザメに指パクされる
唯一無二の経験は人を成長させる

□登別マリンパークニクス
北海道登別市登別東町１丁目22
北欧風の建物はおとぎ話の世界観、
水族館ならぬ王族館か

□氷海展望塔オホーツクタワー
北海道紋別市海洋公園１番地
クリオネに捕食される設定で
記念写真が撮れるスポット好き

□マリモ展示観察センター
北海道釧路市阿寒町舌辛 阿寒湖 チュウルイ島
マリモだけの大水槽に、
生き物の気配を感じる悟りの境地

□室蘭民報みんなの水族館（市立室蘭水族館）
北海道室蘭市祝津町３丁目３番12号
シンボルフィッシュがアブラボウズという
貫禄のある巨魚

□わっかりうむ ノシャップ寒流水族館
北海道稚内市ノシャップ２丁目２番17号
国内最北端というプレミア感、
展示すべてにありがたみを感じる

【東北地方】

□浅虫水族館
青森県青森市浅虫字馬場山1-25
津軽三味線の祭囃子に合わせた、
勢いあるイルカパフォーマンスが◎

□八戸市水産科学館マリエント
青森県八戸市大字鮫町字下松苗場14-33
ところ狭しと水槽を並べ、
漏れなく手書きポップで解説する熱量

□久慈地下水族科学館もぐらんぴあ
岩手県久慈市侍浜町麦生1-43-7
海女さんの素潜りパフォーマンスは
世界でここだけかも？

□アクアテラス錦ケ丘
宮城県仙台市青葉区錦ケ丘1-3-1 錦ケ丘ヒルサイドモール　アクアハウス棟2F
額縁に入った水槽など
美術館の様相でありながらふれあいも充実

□仙台うみの杜水族館
宮城県仙台市宮城野区中野４丁目６番地
生物のいない、
滝だけを見せる水槽の存在に心惹かれた

□男鹿水族館 GAO
秋田県男鹿市戸賀塩浜壷ケ沢93
県魚ハタハタの生態展示は勿論、
魚醤になるまでの過程が学べる

□鶴岡市立加茂水族館
山形県鶴岡市今泉字大久保657-1
クラゲを見るだけでなく
食べることもできる究極の愛のカタチ

□アクアマリンいなわしろカワセミ水族館
福島県耶麻郡猪苗代町大字長田字東中丸3447-4
ひしめく小型水槽にて、
めくるめく水棲昆虫の世界へようこそ

□アクアマリンふくしま
福島県いわき市小名浜字辰巳町50
大水槽の前に寿司屋開業。
水槽の魚に「美味しそう」は誉め言葉

新井竜実（めnち）監修

日本全国水族館リスト

水族館ブロガーとして人気の「めnち」こと新井竜実さんに、日本全国にある水族館から147館をピックアップしていただきリスト化。新井さんが施設を訪ねたときの感想・オススメポイントも一言コメントとして寄せていただいた。またリストの施設名の先頭をチェックボックスにしたので、訪問したところにチェックを入れ、全館制覇を目指してみよう！

※コメントの内容は監修者訪問時の情報です。最新の情報は各水族館のホームページ等でご確認ください

■ リスト監修にあたって

水族館を〈巡る〉ことに執着し、水槽を展示している施設を400近く訪れた奇行者、めnちこと新井竜実です。どちらかと言うとトンカツの方が好きです。

この度、水族館好きに向けた本に掲載される水族館リストの監修にお声がけいただきまして、対象読者が同好の士とあらばこっちのもんだと「一般商業紙の追従を許さないリストを作りましょう」などと大口を叩いて二つ返事しました。取り返しのつかないことを（笑）。

〈水族館〉であるかどうかの基準は曖昧で、正確にいくつの園館が存在するかは定まっていませんが、日本にある水族館は一般的に100～120園館近くあると言われているようです。

ただ、いわゆる水族館と呼ばれるような施設だけでなく、水槽を展示している施設に足を運び続けるうちに、広く認知されていない施設でも水族館と呼ぶに値するような「ワクワク感」があることに気付きました。今回は実地訪問した経験から独自の視点により水族館の裾野を広げた149園館をリストアップし、僭越ながらオススメポイント（ただの思い出？）をコメントさせていただきました。

リスト選定の基準は主に下記を多くクリアしていることを条件としていますが、主観として①の比重を高めています。

①動かすことのできない埋込型の水槽があるか
②展示水槽の水量合計が10t以上あるか
③展示水槽の数が10基以上あるか
④展示種類数が50種類以上いるか
⑤水族館と自称しているか

結果、かなり上級者向けのリストとなりました。これでも営業日数が限られすぎている施設や、学校系施設は省いた低難易度版です（笑）。動物園もいくつかピックアップしていますが、水槽展示施設が独立しており単品でも面白い場所であり、加えて陸上の動物とも会えるお得な世界ですね。

147園館のうち半分以上訪問していたら立派な水族館巡りマニア（水族館巡らー）です。ぜひ全館制覇を目指してみてくださいね！　とはいえ、そんな僕もこのリストの訪問数は146/147だったりして情けない……。

Special Thanks

アンケートへのご協力、
誠にありがとうございました。

@amuamutamago666
@sk_photo_animal
@sumomo_aquarium
あでぺん（@adelie_aquarium）
有賀りうむ
海山
奥平遥香
かぶつ
きさらんど
北瀬みくじ
空白寺
海月くらら
クロワッサン
Komesan
櫻井紫乃☆オニボラちゃん`(0～0)‘
眼目さやか
深海魚ブランド Lavca.m
たぬ
ちいかず
中下正隆（@nkst_ms）
永田兼大
なたりっぷ
ニゴモロコ
沼田 純作
バーチャルグソクムシ
ふう
みどり
みのり（@labroides8）
めろん（@bbmeronps4）
もかやま
もち
森田敦史（@Ruru79）
柳 天音
ゆー
ゆうくま

※五十音順／敬称略

水族館人《すいぞくかんじん》

今《いま》まで見《み》てきた景色《けしき》が変《か》わる15のストーリー

2023年5月1日　初版発行

デザイン　早田二郎［ベラスタジオ］
装丁画　RuCa
編集　大久保徹［SAKANA BOOKS］
https://sakanabooks.jp/

発行者　船津紘秋
発行所　株式会社週刊つりニュース
〒160-0005　東京都新宿区愛住町 18-7
tel：03-3355-6401（代表）
発売所　株式会社文化工房
〒106-0032　東京都港区六本木 5-10-31
tel：03-5770-7100

印刷・製本　シナノ印刷株式会社

ISBN 978-4-910596-03-7
C2075
定価はカバーに表示してあります。
乱丁・落丁本はお取り替えいたします。